PHYSIK

Physik I

Klassische Mechanik und Elektrizitätslehre

ISBN 3-411-70211-7

Physik II

Schwingungen und Wellen – Quantenphysik – Atome und Kerne

ISBN 3-411-70221-4

BIOLOGIE

Nervensystem und Sinnesorgane

Grundwissen und Prüfungsvorbereitung

ISBN 3-411-04153-6

Stoffwechsel und Energieumsatz

Grundlagenwissen und Übungsaufgaben

ISBN 3-411-04282-6

Genetik

Grundlagenwissen und Übungsaufgaben

ISBN 3-411-05472-7

Zellbiologie

Grundlagenwissen und Übungsaufgaben

ISBN 3-411-04882-4

CHEMIE

Chemie I

Allgemeine Chemie – Grundwissen und Prüfungsvorbereitung

ISBN 3-411-04623-6

Chemie II

Organische Chemie – Grundwissen und Prüfungsvorbereitung

ISBN 3-411-70863-8

KUNST

Kunstgeschichte I

Von den Anfängen bis zum 18. Jahrhundert

ISBN 3-411-04143-9

Kunstgeschichte II

19. bis 20. Jahrhundert

ISBN 3-411-04193-5

GESCHICHTE

Geschichte I

Von der Französischen Revolution bis zur Grundlegung der bipolaren Welt (1918)

ISBN 3-411-71122-1

Geschichte II

Von der Weimarer Republik bis zur Europäischen Union

ISBN 3-411-71132-9

DUDEN

Abiturhilfen

Zellbiologie

**Grundlagenwissen und Übungsaufgaben
aus der Zellbiologie
(12. und 13. Schuljahr)**

von Dr. Roland Klinger

DUDENVERLAG
Mannheim · Leipzig · Wien · Zürich

Die Deutsche Bibliothek – CIP-Einheitsaufnahme
Duden-Abiturhilfen
Mannheim; Leipzig; Wien; Zürich: Dudenverl.
Biologie. Zellbiologie: Grundlagenwissen und Übungsaufgaben aus der Zellbiologie (12. und 13. Schuljahr)/Dr. Roland Klinger.
2., aktualisierte Aufl. – 2000
ISBN 3-411-04882-4

Das Werk wurde in neuer Rechtschreibung verfasst.
2., aktualisierte Auflage

 E D C
Redaktion: Dipl.-Biol. Franziska Liebisch
Herstellung: Petra Moll
Visuelle Didaktik, Illustration: Sonja Schadwinkel, Bremen
Illustration, Grafik: Frank Wohlgemuth, Bremen
Druck: Appl, Wemding
Gedruckt auf Eural Super Recyclingpapier matt gestrichen
Bindearbeit: Schöneberger Buchbinderei, Berlin
Printed in Germany
ISBN 3-411-04882-4

Vorwort

Die Zellbiologie ist häufig Abiturthema im Fach Biologie. Der vorliegende Band der Duden Abiturhilfen behandelt übersichtlich und anschaulich die Methoden der Zellforschung, den Aufbau und die Aufgaben von Zellstrukturen und Zellen. Hierbei wird ein Bogen gespannt von den Inhaltsstoffen der Zelle über den Aufbau der Biomembranen und über die Transportvorgänge der Zelle bis zu deren Vermehrung durch Zellteilung und ihrer Funktion als Grundeinheit der vielzelligen Organismen. Dieses Buch eignet sich hervorragend zur Vorbereitung auf anstehende Klausuren und die Abiturprüfung, vermittelt unverzichtbares Grundlagenwissen und geht zusätzlich in einem Lernstoffkatalog auf die Leistungsanforderungen im Abitur ein. Es wird in zahlreichen Aufgabenbeispielen auf Probleme eingegangen, die den Schülern erfahrungsgemäß die meisten Schwierigkeiten bereiten, stellt Zusammenhänge dar und überprüft den Wissensstand. Zum leichteren Verständnis dienen auch die in den Text integrierten farbigen Zeichnungen und Grafiken, die einen zusätzlichen Informationswert darstellen. Ein besonderer Abschnitt behandelt die spezielle Prüfungssituation am Tag der Abiturprüfung und gibt hilfreiche Tipps.

Der besseren Orientierung dienen Vignetten:

Lösungsvorschläge

Definitionen, Regeln

Grundlagenwissen Chemie

Grundlagenwissen Physik

Statistik

Dr. Roland Klinger

Mannheim, im Frühjahr 2000

Kapitel

Inhaltsverzeichnis

Kapitel 1

Einführung

1.1 Einleitung und Hinweise zur Benutzung der Abiturhilfen

Der vorliegende Band der Abiturhilfen soll bei der Abiturvorbereitung auf das Thema Zellbiologie Hilfestellungen geben, indem er

- auf unverzichtbares Grundlagenwissen hinweist;
- einen Stoffkatalog mit Lerninhalten präsentiert;
- fachlich wichtige Aspekte hervorhebt;
- auf bestimmte fachliche Probleme, die erfahrungsgemäß besondere Schwierigkeiten bereiten, etwas näher eingeht;
- Zusammenhänge aufzeigt;
- Stoffeinheiten zusammenfasst;
- zu methodischer Vorgehensweise anregt;
- Aufgabenbeispiele zur Selbstüberprüfung anbietet und
- Niveauansätze und Leistungsanforderungen im Abitur beschreibt.

Daraus ergibt sich für die Abiturhilfen: Sie sind kein Lehrbuch, das Examensstoff grundlegend aufarbeitet, das heißt, sie können auf keinen Fall das Studium der entsprechenden Fachbücher ersetzen. Mit dem vorliegenden Band kann nur sinnvoll arbeiten, wer sich bereits grundsätzlich mit dem Stoffgebiet auseinander gesetzt hat. Dabei ist außerdem darauf zu achten, dass keine Vollständigkeit über alle Teilgebiete der Zellbiologie angestrebt wird; einzelne Aspekte werden nur kurz oder gar nicht angeschnitten, wie zum Beispiel Zellstoffwechsel, Energieumsatz, Feinbau bestimmter Zellstrukturen (Centriolen, Plastiden, Chromosomen), Bewegung von Zellen u. a. Für die Abiturvorbereitung heißt das, dass als Leitfaden zunächst der Lehrstoff des vorausgegangenen Biologieunterrichts anzusehen ist. Daraufhin kann als Ergänzung die vorliegende Duden Abiturhilfe herangezogen werden.

Bei der Konzeption der vorliegenden Abiturhilfen wurde darauf Wert gelegt, dem Leser eine schnelle Orientierung zu ermöglichen und den Text gut lesbar abzufassen, ohne ihm allzu lange Ausführungen und Erläuterungen zuzumuten. Dazu soll eine möglichst übersichtliche Anordnung der fachlichen Schwerpunkte und eine Hervorhebung wichtiger Begriffe beitragen.

Nach jedem Kapitel schließen sich Aufgabenbeispiele mit Lösungen an. Die Aufgaben haben den Zweck, einerseits Wissen zu testen und gleichzeitig zu prüfen, ob Sie das Gelernte auch anwenden können, andererseits aber nochmals auf Wesentliches hinzuweisen und weiterführende Informationen zu geben.

Für das Verständnis der Zusammenhänge ist bei der Lektüre nicht unbedingt erforderlich, die vorgegebene Reihenfolge der Kapitel einzuhalten. Jedes einzelne Kapitel bildet für sich eine Einheit und kann demzufolge je nach Bedarf durchgearbeitet werden.

Das Kapitel 1.2 (Prüfungsgegenstände im Fach Biologie in der Abiturprüfung) ist für die Vorbereitung nicht unbedingt notwendig und kann daher auch übergangen werden. Es bietet allerdings einen Überblick über Qualifikationen und Inhalte in der Abiturprüfung und vermag so, aus dem Zusammenhang heraus Hilfestellungen bei der Einordnung von einzelnen Anforderungen zu geben.

1.2 Prüfungsgegenstände im Fach Biologie in der Abiturprüfung

Die Kultusministerkonferenz legte mit Beschluss vom 1.12.1989 „Einheitliche Prüfungsanforderungen in der Abiturprüfung“ (EPA) vor. Darin werden für das Fach Biologie die Prüfungsgegenstände näher erläutert:
Da im Biologieunterricht sowohl Fachwissen als auch fachliche Qualifikationen (Befähigung zu fachadäquatem Denken, Werten und Handeln) vermittelt werden, soll beides in der Abiturprüfung festgestellt und bewertet werden.

1.2.1 Fachliche Qualifikationen

Als solche gelten zum Beispiel

- das Beobachten und Beschreiben biologischer Objekte und Sachverhalte;
- die Fähigkeit, komplexe biologische Strukturen und Sachverhalte in überschaubare und untersuchbare Einheiten aufzulösen;

- das Darstellen der Ergebnisse in Form von Tabellen, Graphen, Diagrammen und Abbildungen;
- das Auswerten von Beobachtungs- und Messergebnissen;
- das Ordnen und Vergleichen biologischer Daten mit dem Ziel der Entwicklung generalisierender Aussagen;
- das Kennen und Anwenden von Modellvorstellungen;
- das Beurteilen der Aussagekraft von biologischen Gesetzmäßigkeiten, Hypothesen und Modellvorstellungen.

Bei allen fachlichen Qualifikationen ist eine angemessene Verwendung der Fachsprache unverzichtbar.

1.2.2 Fachliche Inhalte

Die Prüfungsinhalte orientieren sich an den Lehrplänen und Richtlinien der Länder. Grundlage für die Abiturprüfung sind für den Themenbereich Zellbiologie die folgenden Teilbereiche:

- Aufbau prokaryotischer und eukaryotischer Zellen;
- Bau und Funktion der Zellorganellen;
- wichtige Stoffe für den molekularen Aufbau der Zelle;
- physikalisch-chemische Abläufe in der Zelle;
- Teilung und Differenzierung von Zellen.

1.3 Stoffkatalog zum Thema Zellbiologie

Die im vorherigen Abschnitt genannten Qualifikationen und Inhalte bilden die Grundlage für die folgende detaillierte Aufteilung des Lehrstoffs zur Zellbiologie.

Wie bei fast allen Teildisziplinen der heutigen Biologie ist auch für das Verständnis aller zellbiologischen Aspekte ein Grundlagenwissen aus den Schwesternaturwissenschaften Chemie und Physik unabdingbare Voraussetzung. Bei Ihrer Abiturvorbereitung sollten Sie anstreben, von vornherein Unklarheiten in diesen Wissensgebieten zu beseitigen. Lücken lassen sich natürlich auch später bei der Beschäftigung mit der Zellbiologie schließen, das hat aber den Nachteil, dass dann immer wieder Umwege in Kauf genommen werden müssen.

Im folgenden Stoffkatalog werden grundlegende Sachinhalte und Methodenkenntnisse zusammengestellt. Prüfen Sie sich, inwieweit eine eingehende Beschäftigung in einzelnen Fällen notwendig ist! Manche Inhalte erscheinen Ihnen möglicherweise zunächst nicht als Grundlage für das eigentliche Thema erforderlich; dies könnte vielleicht an dem etwas anders strukturierten vorausgegangenen Unterricht liegen, in dem einige Akzente anders gesetzt wurden. Ferner werden Sie eventuell das eine oder andere Teilgebiet beim Durcharbeiten dieser Abiturhilfe vermissen. Bei der Vorbereitung auf das Abitur müssen Sie daher unbedingt den Lehrstoff Ihres Unterrichts als Leitfaden beachten.

1.3.1 Grundlagenwissen aus Chemie und Physik

Chemie:

- Tetraedermodell des Kohlenstoffatoms;
- Kohlenwasserstoffverbindungen: Alkane, Alkene, cyclische Kohlenwasserstoffe, Aromaten;
- Alkanole, Alkanale, Alkansäuren;
- funktionelle Gruppen: C=C-Doppelbindung, Hydroxy-, Carbonyl-, Carboxy-, Aminogruppe;
- Reaktionen: Kondensation, Veresterung, Hydrolyse;
- Atombindung, Ionenbindung, Wasserstoffbrückenbindung, Van-der-Waals Bindung;
- Elektronegativität;
- polare und unpolare Stoffe, Löslichkeit;
- Protonenübergang, pH-Wert;
- Struktur- und Spiegelbildisometrie, Konfiguration;
- asymmetrisches C-Atom, optische Aktivität;
- Konzentrationsangaben bei Lösungen.

Physik:

- Lichtbrechung, Brechungsgesetz;
- Strahlengänge bei Linsen, Linsengesetz;
- Bildentstehung, reelles und virtuelles Bild;
- Wellennatur und Teilchennatur des Lichts und des Elektrons;
- polarisiertes Licht.

1.3.2 Fachspezifische Inhalte

Lichtmikroskop:

- Aufbau;
- Bildentstehung und Vergrößerung;
- numerische Apertur, Auflösungsvermögen, leere Vergrößerung;

- Vermessen mikroskopischer Objekte;
- Anfertigen mikroskopischer Präparate.

Elektronenmikroskop:
- Bildentstehung;
- Auflösungsvermögen;
- Herstellung elektronenmikroskopischer Präparate.

Weitere Methoden der Zellforschung:
- Phasenkontrastmikroskopie;
- Rasterelektronenmikroskopie;
- Isolierung von Zellbestandteilen;
- radioaktive Markierung;
- Elektrophorese.

Aufbau der Protocyte und der Eucyte:
- Organellen;
- Kompartimente.

Unterschiede zwischen Pflanzen- und Tierzellen

Bau- und Inhaltsstoffe der Zelle:
- Wasser: Dipolcharakter, Wasserstoffbrücken;
- Kohlenhydrate: Monosaccharide (Glucose, Fructose, Pentosen; asymmetrisches C-Atom, Reaktion mit fehlingscher Lösung, cyclisches Halbacetal, Anomere), Disaccharide (Maltose, Saccharose, Lactose), Polysaccharide (Stärke, Glykogen, Cellulose u. a.);
- Fette: tierische und pflanzliche Fette, ungesättigte Fette, polare Lipide;
- Proteine: Aminosäuren (Zwitterion, isoelektrischer Punkt, optische Aktivität), Peptide (Ladungsverhältnisse, Primär-, Sekundär-, Tertiär- und Quartärstruktur), Skleroproteine und globuläre Proteine;
- Löslichkeit von Kohlenhydraten, Fetten und Proteinen;
- Vorkommen und Bedeutung von Kohlenhydraten, Fetten und Proteinen.

Biomembranen:
- Struktur und Stoffdurchlässigkeit;
- Bedeutung für die Zelle.

Transportvorgänge der Zelle:
- Diffusion;
- Osmose: Osmometer, osmotischer Druck, osmotischer Wert, die Zelle als osmotisches System;
- Plasmolyse und Deplasmolyse;
- Carriertransport;
- aktiver Transport;
- Cytosevorgänge: Phago-, Pino- und Exocytose.

Vermehrung von Zellen:
- Zellteilung;
- mitotische Kernteilung: Mitosephasen, Bedeutung der Mitose.

Übergang vom einzelligen zum vielzelligen Organismus:
- der einzellige Organismus;
- funktionsspezifische Zelldifferenzierung;
- lockere Zellverbände.

Gewebe

Organe

Der vielzellige Organismus

Zelltheorie

1.4 Daten aus der Geschichte der Zellforschung

Die Zellforschung oder Cytologie (von griechisch kýtos = Höhlung, Wölbung; Zelle) untersucht die Strukturen der Tier- und Pflanzenzelle und deren Bedeutung für den Ablauf der Lebensprozesse.

1590 Die niederländischen Brüder Jansen erfinden das zusammengesetzte Mikroskop.

1665 Robert Hooke, ein englischer Physiker, entdeckt bei Gelegenheitsbeobachtungen an dünnen Korkscheibchen allseits umschlossene Hohlräume, die er »cellulae« (Zellen) nennt.

1675 Antony van Leeuwenhoek baut ein einfaches Mikroskop mit selbst geschliffenen Linsen. Er erkennt einzellige Tiere, Samenzellen, rote Blutkörperchen und im Zahnbelag sogar Bakterien.

1757	Albrecht von Haller untersucht tierische Organe und beobachtet darin verflochtene Fasern, die er Gewebe nennt. Der Begriff Gewebe blieb bis heute erhalten, aber in einem ganz anderen Sinn.
1831	Robert Brown macht erste Beobachtungen an Zellkernen in Blütenpflanzen.
1838	Matthias Schleiden erklärt, dass die Zelle die strukturelle Grundeinheit aller Pflanzen sei.
1839	Theodor Schwann veröffentlicht seine mikroskopischen Untersuchungen über die Übereinstimmung der Feinstrukturen bei Tieren und Pflanzen. Er erkennt die Zelle als Element des Tier- und Pflanzenkörpers. Schwann und Schleiden gelten als die Begründer der Zelltheorie: Alle Tiere und Pflanzen sind aus Zellen aufgebaut.
1839	Johannes Purkinje beschreibt als Erster das Protoplasma.
um 1850	Hugo von Mohl findet in Pflanzenzellen Plasmaströmungen.
1855	Rudolf Virchow beobachtet den Vorgang der Zellteilung und formuliert den Lehrsatz »Omnis cellulae e cellulae« (alle Zellen entstehen aus Zellen). Damit wird die Zellenlehre zur wichtigsten Grundlage für Biologie und Medizin.
1861	Max Schultze definiert als Erster die Zelle als ein protoplasmatisches Gebilde mit Kern.
1875	Otto Bütschli und Eduard Strasburger entdecken fast gleichzeitig jedoch unabhängig voneinander die Kernteilung.
1932	Ernst Ruska erfindet das Transmissionselektronenmikroskop.

Die moderne Zellbiologie versteht Zellen nicht mehr vornehmlich als statische Bausteine von Organismen. Durch die neben der Mikroskopie eingesetzte Methode der radioaktiven Markierung kann man zeigen, dass die Strukturen der lebenden Zelle nur scheinbar beständig sind. In Wirklichkeit sind alle Bestandteile und deren Baustoffe einem dynamischen Geschehen des dauernden Ab- und Aufbaus unterworfen (vielleicht mit Ausnahme des genetischen Materials). Diese Sichtweise führt die heutige Zellbiologie zu der wesentlichen Erkenntnis, dass sich die Zelle flexibel an die Verhältnisse ihrer Umgebung (Milieu) anzupassen vermag.

Kapitel 2

Methoden der Zellforschung

2.1 Das Lichtmikroskop

Bauteile

Fuß mit Stativ;
Lichtquelle, Kondensor, Blende;
Objekttisch;
Objektiv, Tubus, Okular;
Verstellschrauben für Grobbetrieb und Feinbetrieb.
Zu den Aufgaben der einzelnen Teile siehe Aufgabe 1 auf Seite 24.

Bildentstehung

Das Mikroskopobjektiv liefert vom Gegenstand G ein reelles, vergrößertes, umgekehrtes und seitenverkehrtes Zwischenbild. Für die Gegenstandsweite g gilt: $2f > g > f$, wobei G nahe am Brennpunkt F der Linse liegt.
Das Zwischenbild wird durch das Mikroskopokular als Lupe betrachtet und liegt in dessen Brennebene: Entstehung eines stark vergrößerten Bildes B vom Gegenstand.

Objektivvergrößerung

$$V_{Ob} = \frac{B'}{G} = \frac{b'}{g} \approx \frac{t}{f_{Ob}}$$

Die Bildweite b' des Zwischenbildes B′ ist durch den Bau des Mikroskops fest vorgegeben; sie heißt optische Tubuslänge und beträgt häufig $b' = t = 15$ cm.
Ein stark vergrößertes Zwischenbild entsteht nur, wenn g und somit auch f_{Ob} klein sind; dann gilt annähernd $g = f_{Ob}$.

Okularvergrößerung

Für die Lupenvergrößerung V_{Ok} durch das Okular gilt $V_{Ok} = s/f_{Ok}$, wobei s die deutliche Sehweite des Auges ohne Lupe ($s = 25$ cm) ist.

Mikroskopvergrößerung

Die Gesamtvergrößerung des Mikroskops ist das Produkt aus Objektivvergrößerung und Okularvergrößerung:

$$V_M = V_{Ob} \cdot V_{Ok} = \frac{t}{f_{Ob}} \cdot \frac{s}{f_{Ok}}$$

numerische Apertur	Die numerische Apertur ist das Produkt aus sin α (α = halber Öffnungswinkel des Objektivs) und der Brechungszahl n des Mediums, durch das das Licht hindurchgeht (für Luft gilt $n = 1$, für Immersionsöl $n = 1{,}515$): $$\text{n.A.} = A = n \cdot \sin\alpha$$
Öffnungswinkel	Unter dem halben Öffnungswinkel α des Objektivs versteht man den Winkel zwischen der optischen Achse des Objektivs und dem äußersten Lichtstrahl, der gerade noch vom Objektiv erfasst wird.
sin α	Maß für die Öffnung des Objektivs (also ein numerischer Wert) und damit ein Maß dafür, wie viel Licht vom mikroskopischen Präparat in das Mikroskopobjektiv eindringt.
Auflösungsvermögen	Das Auflösungsvermögen des Objektivs ist der kleinste Abstand d_{min} zwischen zwei Punkten des zu betrachtenden Gegenstands, die im Mikroskop eben noch getrennt wahrgenommen werden können. d_{min} ist der Wellenlänge λ des verwendeten Lichts proportional: $$d_{min} = \frac{\lambda}{2 \cdot n \cdot \sin\alpha} = \frac{\lambda}{2 \cdot A}$$ (n = Brechzahl des Mediums zwischen Deckglas und Objektiv, α = halber Öffnungswinkel des Objektivs).
leere Vergrößerung	Der Zuwachs an Vergrößerung, der durch ein stärker vergrößerndes Okular zu einer Gesamtvergrößerung führt, die über dem 500- bis 1000fachen der numerischen Apertur des Objektivs liegt: Im Bild werden keine zusätzlichen Einzelheiten sichtbar. Strukturen, die vom Objektiv nicht aufgelöst werden, kann auch ein Okular nicht durch Nachvergrößerung des vom Objektiv erzeugten Bildes auflösen. Die Verwendung eines stärkeren Okulars ist also sinnlos. Bei leerer Vergrößerung können im Bild sogar Scheinstrukturen auftreten, welche im Präparat nicht vorhanden sind;

außerdem wird die Bildqualität durch die starke Nachvergrößerung verschlechtert.

2.2 Vermessen mikroskopischer Objekte

Zum Vermessen mikroskopischer Objekte benötigt man als Zubehör ein Okularmikrometer und ein Objektmikrometer. Das Okularmikrometer ist ein kleines kreisrundes Plättchen aus Glas mit einer Skaleneinteilung (10 mm sind in 100 Skalenteile eingeteilt, daher gilt: 1 Skalenteil = 1 Skt. = 100 µm). Das Okularmikrometer wird auf die Sehfeldblende im Okular aufgelegt oder ist bereits in spezielle Okulare integriert. Das Objektmikrometer ist ein Objektträger mit Skaleneinteilung (1 mm ist in 100 Skalenteile eingeteilt, daher gilt: 1 Skt. = 10 µm).

Eichen des Objektmikrometers:
Für jedes zu verwendende Objektiv stellt man fest, wie viele Skalenteile des Okularmikrometers und des Objektmikrometers einander entsprechen, und bestimmt anschließend die absolute Länge zwischen zwei Teilstrichen des Okularmikrometers. Mit dem nun geeichten Okularmikrometer lassen sich Entfernungen im mikroskopischen Präparat messen.

2.3 Anfertigen mikroskopischer Präparate

Grundsätzlich ist zu unterscheiden zwischen Frisch- und Dauerpräparaten. An Frischpräparaten lassen sich noch lebende Objekte beobachten. Die Präparate haben aber den Nachteil, dass sie immer neu angefertigt werden müssen und in der Regel kontrastarm sind. Die Dauerpräparate erlauben keine Lebendbeobachtung, sind dafür aber stets griffbereit, immer wieder verwendbar und kontrastreich. Die Fixier- und/oder Färbemittel führen jedoch oft zu Veränderungen am Objekt (Artefakte). Mögliche Artefakte sind bei der Beurteilung der Struktur mikroskopischer Objekte von besonderer Bedeutung. Im Folgenden einige Aspekte beim Anlegen von Dauerpräparaten:

Fixieren	Fixiermittel töten die Objekte unter Erhalt zumindest ihrer Grobstruktur ab.
Anfärben	Strukturen des Präparats werden durch Anfärben deutlich sichtbar gemacht und durch verschiedene Färbungen voneinander unterschieden.

Entwässern	Das Entwässern ist notwendig, da die für die Herstellung eines Dauerpräparats verwendeten Einschlussmittel mit Wasser nicht mischbar sind und dadurch kleine Wassertröpfchen im Präparat entstehen.
Einschlussmittel	Durch Tränken des Objekts mit Kunstharz sind die mikroskopischen Präparate für lange Zeit haltbar.
Anfertigen mikroskopischer Schnitte	Nicht durchscheinende Objekte werden durch ein Schneidegerät (Mikrotom) in feinste Scheibchen von ca. 10 µm Dicke zerschnitten. Dazu müssen die Objekte zuvor fixiert, entwässert und in Paraffin oder Kunstharz eingebettet werden. Nach dem Schneiden werden die Schnitte angefärbt.

2.4 Phasenkontrastverfahren

Das Phasenkontrastverfahren, ein Verfahren der Lichtmikroskopie, dient der Sichtbarmachung von kontrastarmen Zellstrukturen ohne Zuhilfenahme von Färbemitteln. Durch unterschiedliches Brechungsvermögen einzelner Objektteile entstehen Phasenunterschiede des durch das Objekt durchtretenden Lichts. Diese werden in Amplitudenunterschiede umgewandelt und führen so zu einer Kontrastverstärkung.

2.5 Das Elektronenmikroskop

Bauprinzipien im Vergleich zum Lichtmikroskop:
Anstelle von Lichtstrahlen werden Elektronenstrahlen verwendet. Zur Ablenkung der Strahlen dienen keine Glaslinsen, sondern elektromagnetische Felder, die von Magnetspulen erzeugt werden. Im Inneren des Elektronenmikroskops (EM) herrscht ein Hochvakuum, da Elektronen durch Luftmoleküle abgebremst oder abgelenkt werden würden.
Da Elektronenstrahlen für das menschliche Auge nicht sichtbar sind, lässt man sie auf eine fotografische Platte oder einen Leuchtschirm fallen. Wie beim Lichtmikroskop wird auch beim EM das Präparat in den Strahlengang gebracht, wobei durch unterschiedlich starke Absorption der Strahlen durch verschiedene Objektteile Kontraste entstehen. Alle diejenigen Stellen des Objekts, die Elektronenstrahlen nicht absorbieren, werden als helle Punkte sichtbar.

Auflösungsvermögen

Das Auflösungsvermögen beträgt etwa die Hälfte der Wellenlänge der benutzten Strahlen. Beim Lichtmikroskop ist die maximale Auflösung daher ungefähr 400 nm : 2 = 200 nm. Dagegen kann beim EM mit hoch beschleunigten Elektronen (kurze Wellenlänge!) ein Auflösungsvermögen von 0,3 nm erreicht werden.

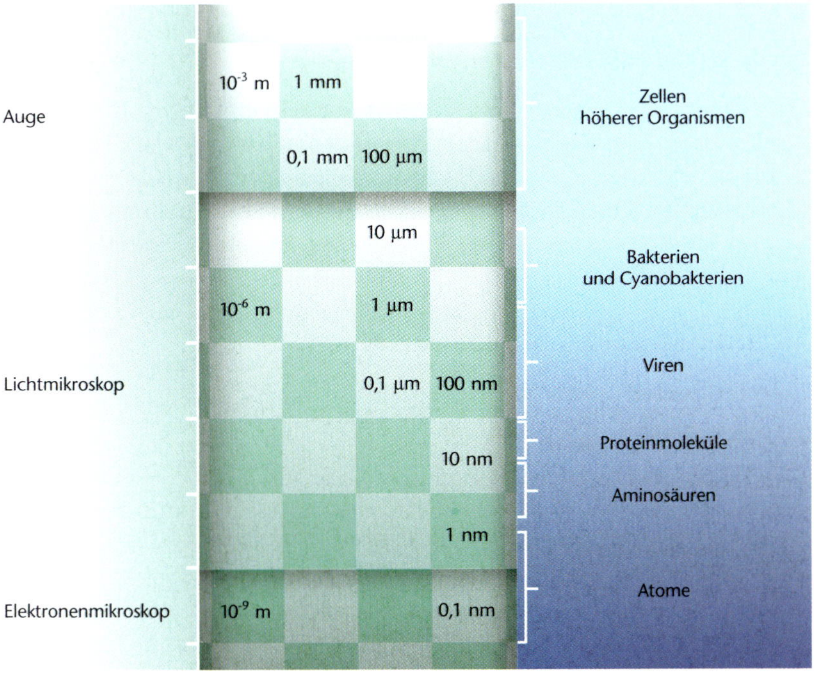

Abbildung 1: Ein Maßstab zum Vergleich der Auflösungskraft von Auge, Lichtmikroskop und Elektronenmikroskop mit den Dimensionen von Zellen, Makromolekülen, einfachen Molekülen und Atomen.

2.6 Herstellung elektronenmikroskopischer Präparate

Fixieren

Einlegen des Objekts in ein Fixiermittel; durch Verwendung von Osmiumtetroxid erreicht man eine Kontrasterhöhung.

Entwässern	Einbringen des fixierten Objekts in Alkohol.
Einbetten	Plastisches Material (z.B. bestimmte Kunstharze) durchdringt alle Strukturen und erhärtet.
Anfertigen von Schnitten	Durch Ultramikrotome sind Schnittdicken von nur 50 nm möglich. Durch die Präparationsmethoden besteht wie bei der Lichtmikroskopie die Gefahr der Artefaktbildung.

2.7 Das Rasterelektronenmikroskop

Beim Rasterelektronenmikroskop (REM) wird die Oberfläche des Objekts durch einen Elektronenstrahl punktförmig abgetastet, wobei Sekundärelektronen aus dem Objekt herausgeschlagen werden. Die Sekundärelektronen werden abgeleitet und registriert, die Signale zu einem Bild des Objekts zusammengesetzt. Das REM liefert von den Objektoberflächen sehr plastische Bilder.

2.8 Isolierung von Zellbestandteilen

Homogenisieren	Verreiben von Gewebestücken zu einem homogenen Brei, wobei der Zellinhalt freigesetzt wird.
Zentrifugieren	Trennen der Zellbestandteile aufgrund ihrer unterschiedlichen Massen durch rasche Umdrehung in einer Zentrifuge. Schwere Teilchen setzen sich schneller und schon bei niedriger Drehzahl, leichtere Teilchen erst bei hoher Drehzahl im Zentrifugengläschen ab. Ultrazentrifugen erreichen heute bis zu 70 000 Umdrehungen pro Minute, wodurch die Zentrifugalbeschleunigung ein Vielhunderttausendfaches der Erdbeschleunigung g betragen kann. Durch Ultrazentrifugation lassen sich auch Makromoleküle voneinander trennen.
fraktionierte Zentrifugation	Durch mehrere Zentrifugenläufe mit steigender Umdrehungszahl und längeren Laufzeiten lassen sich nacheinander aus den Überständen Zellkerne, Mitochondrien, Membranstücke, Ribosomen u. a. isolieren.

Dichtegradientenzentrifugation Die Dichtegradientenzentrifugation ermöglicht eine bessere Trennung von Zellbestandteilen. Im Zentrifugenröhrchen wird zunächst ein Dichtegradient mit von unten nach oben abnehmender Konzentration hergestellt (z. B. aus Lösungen von Rohrzucker oder Cäsiumchlorid). Das zu untersuchende Homogenat wird auf die Oberfläche des Gradienten getropft. Nach Wahl der geeigneten Zentrifugiergeschwindigkeit und -dauer sammeln sich die verschiedenen Zellbestandteile entsprechend ihrer Dichte als Banden in bestimmter Höhe des Gradienten an. Sie können mit einer Pipette abgesaugt und dann weiter untersucht werden.

2.9 Radioaktive Markierung

Diese Methode lässt sich anwenden, wenn man den Weg von chemischen Verbindungen in der Zelle oder im Organismus verfolgen möchte, um Aufschlüsse über Transportbahnen, Verweildauer und Stoffwechselvorgänge zu erhalten.
Anstelle von stabilen Atomen eines Elements werden Radioisotope desselben Elements in die Moleküle der zu untersuchenden chemischen Verbindung eingebaut. Die so radioaktiv markierte Substanz wird in den zellulären Vorgängen des Organismus wie die natürliche Substanz behandelt, da sie sich weder chemisch noch physiologisch von ihr unterscheidet. Die radioaktive Strahlung kann autoradiographisch (durch Schwärzung von Röntgenfilmen oder anderen strahlungsempfindlichen Schichten) oder mit geeigneten Zählern in noch sehr geringen Mengen nachgewiesen werden. Mit dieser so genannten Tracermethode (englisch trace = Spur) lässt sich nicht nur feststellen, in welche chemischen Verbindungen radioaktiv markierte Moleküle nach Aufnahme in die Zelle eingebaut werden und welche Stoffwechselschritte stattfinden, sondern auch, welche Zellorganellen an den jeweiligen Vorgängen beteiligt sind.

2.10 Elektrophorese

Die in einem Proteingemisch enthaltenen Proteine können durch Elektrophorese voneinander getrennt werden. Zu diesem Zweck wird das Proteingemisch auf einen elektrisch leitenden Träger gebracht und beide einem elektrischen Gleichspannungsfeld ausgesetzt. Je nach ihrer Ladung wandern die Proteine zum positiven oder zum negativen Pol. Da die Proteine auch unterschiedliche Ladungsstärken besitzen, wandern sie in der gleichen Zeit verschieden weit und werden so voneinander getrennt.

2.11 Aufgabenbeispiele

Aufgabe 1

Welche Aufgaben haben die einzelnen Bestandteile des Lichtmikroskops?

Aufgabe 2

Ein Lichtmikroskop ist mit einem Trockenobjektiv ausgerüstet, das die Aufschrift 20 : 1 und n. A. 0,35 besitzt.

a Erläutern Sie, was die Aufschrift auf dem Objektiv bedeutet!

b Berechnen Sie die Gesamtvergrößerung des Mikroskops bei Verwendung eines Okulars mit 10facher Vergrößerung!

c Berechnen Sie die bestmögliche Auflösung des Objektivs bei Verwendung von blauem Licht (Wellenlänge 400 nm)!

Aufgabe 3

Erklären Sie die Erscheinung, dass man bei Verwendung von blauem Licht ein höheres Auflösungsvermögen erhält als mit Licht mittlerer Wellenlänge (z. B. grünes Licht mit $\lambda = 0{,}55\ \mu m$)!

Aufgabe 4

Ermitteln Sie den ganzen Öffnungswinkel für das Trockenobjektiv 40x/n. A. 0,65!

Aufgabe 5

Ein Mikroskop hat eine Tubuslänge von $t = 15$ cm, das eingestellte Objektiv eine Brennweite $f_{Ob} = 5$ mm und das Okular eine Brennweite $f_{Ok} = 2{,}5$ cm.
Bestimmen Sie die Objektivvergrößerung, die Okularvergrößerung und die Gesamtvergrößerung des Mikroskops!

Aufgabe 6

Welche Brennweite muss ein Objektiv mit 40facher Vergrößerung haben, wenn für die Tubuslänge des Mikroskops gilt: $b' = t = 15$ cm?

Aufgabe 7

Das Lichtmikroskop kann auch zur Projektion von Bildern oder zur Aufnahme von Bildern mit einem Fotoapparat (oder mit einer Fernsehkamera) verwendet werden. Dabei bringt man das Objekt – wie auch beim normalen Gebrauch des Mikroskops – in den Bereich zwischen einfacher und doppelter Brennweite des Objektivs.
Welche Lage muss das Zwischenbild haben? Begründung!
Konstruieren Sie den entsprechenden Strahlengang und zum Vergleich auch denjenigen für den normalen Gebrauch des Mikroskops!

Aufgabe 8

Bei einem Mikroskop wird ein Objektiv 40x/n. A. 0,65 verwendet. Zur Verfügung stehen die Okulare 6x und 10x.
Welche Okularvergrößerung sollte sinnvollerweise gewählt werden?

Aufgabe 9

Warum wird das Okularmikrometer beim Messen mikroskopischer Objekte auf die Sehfeldblende im Okular gelegt?

Aufgabe 10

Warum kann man mikroskopische Objekte nicht allein mit dem Okularmikrometer messen?

Aufgabe 11

Bei der Eichung des Okularmikrometers wird festgestellt, dass 60 Skt. des Okularmikrometers 80 Skt. des Objektmikrometers entsprechen.
Welche Größe hat ein mikroskopisches Objekt, dessen Länge genau 10 Skt. im Okularmikrometer entspricht?

2.12 Lösungsvorschläge

Aufgabe 1

Die **Lichtquelle** (Spiegel, elektrische Ansteckleuchte) dient zur Durchleuchtung des mikroskopischen Präparats. Der **Kondensor** trägt zu einer gleichmäßigen Ausleuchtung des Präparats bei. Die **Kondensorblende** passt die Lichtverhältnisse an das jeweilige Objekt an (Helligkeits- und Kontrastregelung). Bei starker Abblendung ist das Bild kontrastreicher, jedoch sinkt das Auflösungsvermögen. Der **Objekttisch** ist die Auflage für das Präparat und besitzt eine Arretierungsvorrichtung. Das **Objektiv** ist ein Linsensystem, das ein vergrößertes Zwischenbild des Objekts liefert. Der **Tubus** dient der Befestigung des Objektivrevolvers und der Aufnahme der Okulare. Das **Okular** ist ein Linsensystem zur weiteren Vergrößerung des vom Objektiv entworfenen Zwischenbildes. Die **Verstellschrauben** für den Grob- und Feinbetrieb dienen der Scharfeinstellung des zu beobachtenden Objekts und ermöglichen so das Aufsuchen und nach einer Feineinstellung die genaue Betrachtung des Objekts oder eines Objektausschnitts.

Aufgabe 2

a Der Abbildungsmaßstab des Objektivs beträgt 20 : 1, d. h., es gilt für die Vergrößerung des Objektivs $V_{Ob} = B' / G = b' / g = 20$. Die numerische Apertur beträgt 0,35, d.h., der Sinuswert des halben Öffnungswinkels beträgt 0,35 : n. A. = $\sin \alpha = 0{,}35$ (für $n = 1$).

b Gesamtvergrößerung $V_M = V_{Ob} \cdot V_{Ok} = 20 \cdot 10 = 200$.

c

$$d_{min} = \frac{\lambda}{2 \cdot n \cdot \sin\alpha}$$

Für $\lambda = 400$ nm und $n \cdot \sin \alpha = 0{,}35$ erhält man

$$d_{min} = \frac{400\,\text{nm}}{2 \cdot 0{,}35} = \frac{200\,\text{nm}}{0{,}35} = 571\,\text{nm}$$

Aufgabe 3

Da blaues Licht mit $\lambda = 400$ nm = 0,40 µm eine kürzere Wellenlänge hat als grünes Licht, ist der Quotient aus λ und $2 \cdot n \cdot \sin \alpha$ und damit d_{min} kleiner.

Aufgabe 4

n. A. = $n \cdot \sin \alpha$; für $n = 1$ und n. A. = 0,65 erhält man $0{,}65 = 1 \cdot \sin \alpha$ und damit den halben Öffnungswinkel $\alpha = 40° 33'$. Der ganze Öffnungswinkel für das Objektiv 40x/n. A. 0,65 beträgt also $2\,\alpha \oplus 81°$.

Aufgabe 5

$$V_{Ob} = \frac{t}{f_{Ob}} = \frac{15\text{ cm}}{5\text{ mm}} = 30$$

$$V_{Ok} = \frac{s}{f_{Ok}} = \frac{25\text{ cm}}{2{,}5\text{ cm}} = 10$$

$$V_{M} = V_{Ob} \cdot V_{Ok} = 30 \cdot 10 = 300$$

Aufgabe 6

$$V_{Ob} = \frac{t}{f_{Ob}} \Rightarrow f_{Ob} = \frac{t}{V_{Ob}} = \frac{15\text{ cm}}{40} = 3{,}75\text{ mm}$$

Aufgabe 7

Das Zwischenbild muss sich im Bereich zwischen einfacher und doppelter Brennweite des Okulars befinden, damit kein virtuelles Bild, sondern ein reelles vergrößertes Bild entsteht, das mittels eines Projektionsschirms aufgefangen werden kann.

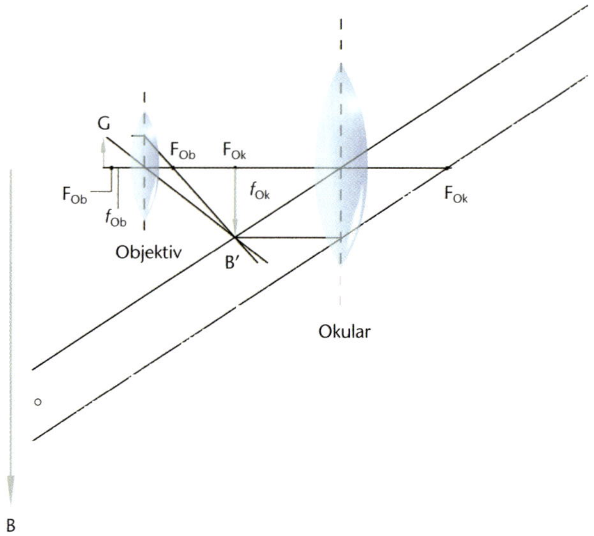

Abbildung 2: Strahlengang beim Mikroskop für den normalen Gebrauch. Das Zwischenbild B' befindet sich in der Brennebene des Okulars.

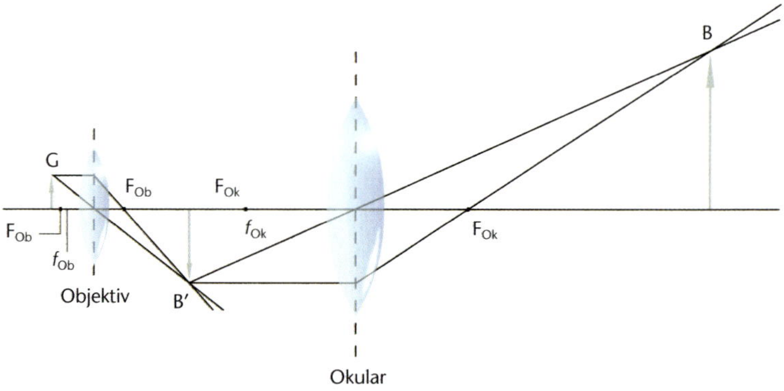

Abbildung 3: Strahlengang beim Mikroskop zur Projektion von Bildern. Das Zwischenbild B' liegt zwischen einfacher und doppelter Brennweite des Okulars.

Aufgabe 8

Auflösungsvermögen des Objektivs:

$$d_{min} = \frac{\lambda}{2 \cdot n \cdot \sin\alpha}$$

mit $\lambda = 0{,}55\ \mu m$ (für Licht mittlerer Wellenlänge);

$$d_{min} = \frac{0{,}55\,\mu m}{2 \cdot 0{,}65} = \frac{0{,}55\,\mu m}{1{,}30}$$

$$d_{min} = 0{,}42\,\mu m$$

Förderliche Vergrößerung:
Bei einem Auflösungsvermögen des menschlichen Auges von 0,15 mm kann man ansetzen:

$$V_M = \frac{0{,}15\ mm}{0{,}42\,\mu m} = \frac{150\,\mu m}{0{,}42\ mm} = 357$$

Somit gilt $V_M = V_{Ob} \cdot V_{Ok} = 357$ und man erhält

$$V_{Ok} = \frac{V_M}{V_{Ob}} = \frac{357}{40} = 8{,}9$$

Um das Auflösungsvermögen des Objektivs ausnützen zu können, sollte das Okular mit der 10fachen Vergrößerung gewählt werden. Dieses vergrößert zwar etwas stärker als erforderlich, aber mit dem anderen Okular würde man weniger Einzelheiten im Präparat erkennen können.

Aufgabe 9

Die Blende im Okular liegt genau an der Stelle, wo das vom Objektiv erzeugte Zwischenbild entsteht. Die Skaleneinteilung des Okularmikrometers kann somit gleichzeitig mit der Skaleneinteilung des Objektmikrometers scharf gesehen werden.

Aufgabe 10

Das Bild des Objekts ist in seiner Größe abhängig vom verwendeten Objektiv. Das Bild des Okularmikrometers ist dagegen abhängig von der verwendeten Okularvergrößerung. Aus diesem Grund muss immer dann neu geeicht werden, wenn ein anderes Objektiv bzw. ein anderes Okular gewählt wird.

Aufgabe 11

$$60\ \text{Skt.}_{\text{Okm}} : 80\ \text{Skt.}_{\text{Obm}} = 1\ \text{Skt.}_{\text{Okm}} : x$$

und damit

$$x = \frac{80}{60} \cdot 1\ \text{Skt.}_{\text{Obm}} = \frac{4}{3}\ \text{Skt.}_{\text{Obm}},$$

also entspricht 1 Skt. des Okularmikrometers 4/3 Skt. des Objektmikrometers. Für 1 Skt._{Obm} = 10 µm ergibt sich

$$1\ \text{Skt.}_{\text{Okm}} = \frac{4}{3} \cdot 10\ \mu\text{m} = \frac{40}{3}\ \mu\text{m}$$

und entsprechend

$$10\ \text{Skt.}_{\text{Obm}} = \frac{40}{3}\ \mu\text{m} \cdot 10\ \mu\text{m} = \frac{400}{3}\ \mu\text{m} = 133\ \mu\text{m}.$$

Kapitel 3

Bau und Aufgaben von Zellstrukturen

Alle Organismen sind aus Grundbausteinen, den Zellen, aufgebaut. Die Zelle – als Protocyte oder als Eucyte – ist somit das gemeinsame Kennzeichen aller Lebewesen. Die Zelltheorie bringt diese fundamentale Tatsache wie folgt zum Ausdruck:

- Die Zelle ist die kleinste selbstständig lebensfähige Einheit.
- Alle Lebewesen bestehen aus einer oder mehreren Zellen.
- Neue Zellen (Tochterzellen) entstehen in der Natur immer aus alten Zellen (Mutterzellen), werden also nicht aus ihren Bestandteilen zusammengesetzt.

Alle Zellen haben einen gemeinsamen Grundbauplan. Dennoch wird wegen des unterschiedlichen Organisationsgrads zwischen Protocyte und Eucyte unterschieden.

3.1 Aufbau der Protocyte

Die Protocyte ist der Zelltyp der Bakterien und Cyanobakterien. Ihre Größe beträgt durchschnittlich 1 bis 5 µm.

Kernäquivalent	Protocyten besitzen keinen mit einer Membran umschlossenen Zellkern, sondern nur ein kernähnliches Gebilde: ringförmiger verknäulter DNA-Faden (DNA steht für englisch desoxyribonucleic acid = Desoxyribonucleinsäure), das Bakterienchromosom. Bakterien werden deshalb auch als Prokaryoten (Prokaryonten) bezeichnet.
Zellbegrenzung	Zellwand, die nach außen häufig geißelartige Fortsätze (Flagellen) für die Bewegung und Pili (Einzahl Pilum) zur Anheftung der Zelle trägt. Innerhalb der Zellwand umschließt eine Zellmembran den Innenraum.
Innenraum	Zellplasma (Cytoplasma) mit Reservestoffen, Enzymen und freien Ribosomen für die Proteinbiosynthese. Die innere Gliederung (Kompartimentierung) erfolgt durch Einfaltungen der Zellmembran (Mesosom). Ansonsten ist die Kompartimentierung viel weniger ausgeprägt als bei der Eucyte.

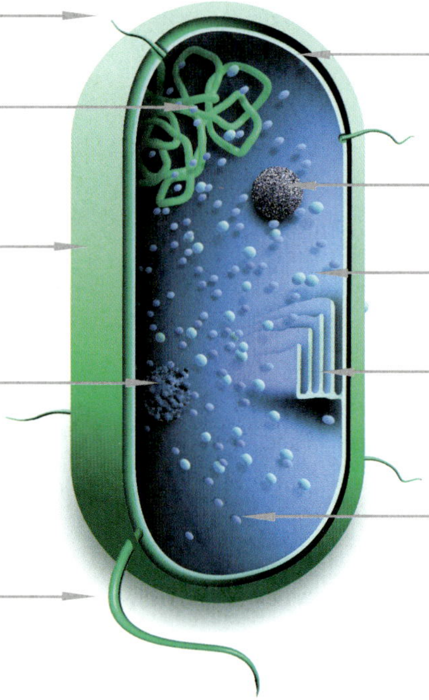

Abbildung 4: Schema der protocytischen Bakterienzelle.

3.2 Aufbau der Eucyte

Eucyten sind im Allgemeinen zwischen 5 und 100 µm groß, in Ausnahmefällen jedoch auch wesentlich größer, z. B. kann eine Nervenzelle mit Neurit über 1 m lang und einzellige Amöben bis 2 mm groß werden; der Dotter des Vogeleies hat einen Durchmesser von bis zu 75 mm (Straußenei).

echter Zellkern	Die Eucyte besitzt einen durch eine Kernmembran deutlich abgegrenzten Zellkern. Alle Lebewesen mit echtem Zellkern – von den Einzellern bis zu den höheren Pflanzen und Tieren – werden als Eukaryoten (Eukaryonten) bezeichnet.
Protoplasma	Der gesamte innerhalb der Zellmembran liegende Raum einschließlich Zellkern.

Cytoplasma	Der gesamte innerhalb der Zellmembran liegende Raum ohne den Zellkern. Das Cytoplasma ist stark in Reaktionsräume (Kompartimente) gegliedert, die oftmals durch Membranen begrenzte Zellorganellen bilden.
Organellen	Membranumgrenzte, im Grundplasma liegende, zum Cytoplasma gehörende Reaktionsräume.
Grundplasma	Das im Mikroskop leer erscheinende, aus Wasser, anorganischen Ionen, Proteinen, löslichen Kohlenhydraten u. a. bestehende Medium des Cytoplasmas.
Zellmembran	Die das Protoplasma umschließende Biomembran.

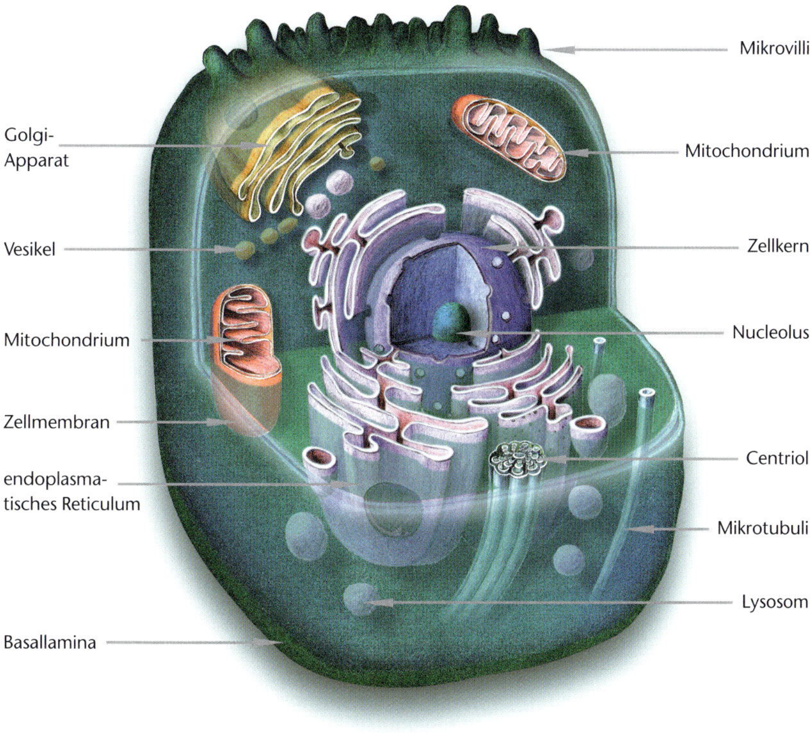

Abbildung 5: Ultrastruktur einer tierischen Eucyte in schematischer Darstellung.

Die Zelloberfläche kann durch Mikrovilli vergrößert werden. Die Mikrovilli sind fingerförmige, bis zu 1 µm lange Ausstülpungen der Zellmembran. Bei Geweben mit resorbierender Funktion (z. B. Epithel des Dünndarms) bilden sie einen dichten Rasen (Bürstensaum).
Als Basallamina bezeichnet man eine Abgrenzung von Epithelien gegen das darunter liegende Bindegewebe.

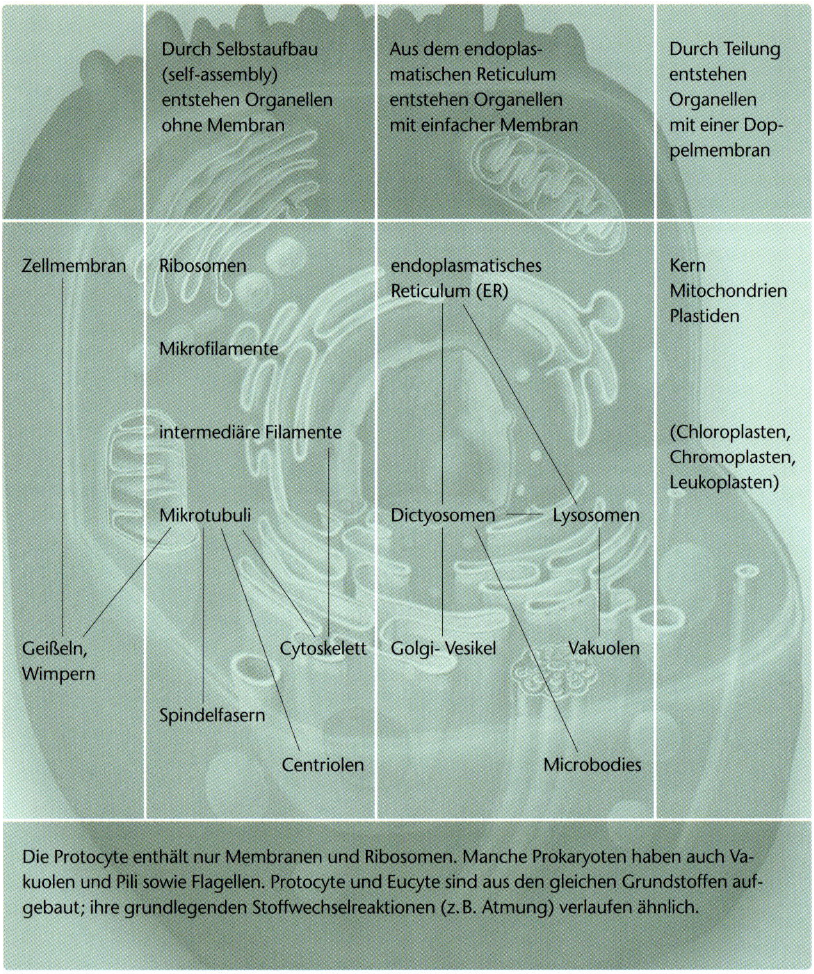

Tabelle 1: Überblick über die Organellen der Eucyte.

3.3 Vorkommen von Zellstrukturen in prokaryotischen und eukaryotischen Zellen

	Prokaryoten	Eukaryoten
Zellmembran	vorhanden	vorhanden
Zellwand	aus Aminozuckern und Muraminsäure, Aminosäuren u.a. Bestandteilen	nur bei pflanzlichen Zellen, Hauptbestandteil ist Cellulose
Kapsel	wenn vorhanden, dann aus Mucopolysacchariden	fehlt
Geißeln	in einigen Arten vorhanden, aber nicht in der 9 + 2-Struktur der Fibrillen	in einigen Arten vorhanden, einheitlich in der 9 + 2-Struktur der Fibrillen
Zellkern	Kernäquivalent ohne Membran	echter Zellkern mit Doppelmembran
Chromosomen	nur 1 nackter Faden, der ausschließlich aus DNA besteht	mehr als 1 vorhanden, aus DNA und Protein bestehende komplizierte Strukturen
Mitochondrien	fehlen, entsprechende Prozesse laufen an Einstülpungen der Zellmembran ab	vorhanden
Fotosyntheseapparat	Einstülpungen der Zellmembran mit Chlorophyll a und Phycocyanin in Cyanobakterien, mit Bakteriochlorophyll in Bakterien	Chloroplasten mit Thylakoidmembranen, die in den so genannten Granastapeln Chlorophyll a und b enthalten
endoplasmatisches Reticulum	fehlt	vorhanden
Golgi-Apparat	fehlt	vorhanden
Vakuolen	fehlen	vorhanden (besonders in Pflanzenzellen)
Lysosomen	fehlen	vorhanden
Ribosomen	vorhanden	vorhanden
Zellteilung	einfache Teilung	Teilung mithilfe eines Spindelapparats aus Mikrotubuli

3.4 Vergleich von Zellstrukturen des Pflanzen- und Tierkörpers

Zellwand	Nur bei Pflanzenzellen; hauptsächlicher Bestandteil ist Cellulose, bei Pilzen besitzt die Zellwand häufig Chitin. In der Zellwand höherer Pflanzen befinden sich feine Poren (Tüpfel), die Plasmaverbindungen (Plasmodesmen) zwischen den aneinander liegenden Zellen ermöglichen; die Plasmodesmen dienen dem Stoffaustausch zwischen den Zellen.
Zellmembran	Bei der Pflanzenzelle ist zusätzlich zur äußeren Zellmembran (Plasmalemma) eine innere Zellmembran (Tonoplast) vorhanden, die die Zellvakuole umschließt. Zwischen beiden Membranen liegt das Cytoplasma.
Zellvakuole	Bei der Pflanzenzelle ein von Zellsaft erfüllter, membranumschlossener Hohlraum; häufig auch von Plasmasträngen gegliedert.
Zellkern	In Zellen des Tierkörpers liegt der Zellkern mehr oder weniger in der Mitte, in Pflanzenzellen häufig am Rande innerhalb einer Plasmaanhäufung.
Chloroplasten	Für grüne Pflanzen typische Zellorganellen; sie dienen der Bereitstellung von Energie aus dem Prozess der Fotosynthese.
Leukoplasten	In Zellen pflanzlicher Speichergewebe meist in Form so genannter Stärkekörner.
Chromoplasten	Farbstoffträger in vielen Pflanzenzellen.

3.5 Aufgabenbeispiele

Aufgabe 1

Weshalb besitzen die meisten Zellen nur so geringe Größen im µm-Bereich?

Aufgabe 2

Welche Aufgaben haben die verschiedenen Zellorganellen der Eucyte?

3.6 Lösungsvorschläge

Aufgabe 1

Zellen stehen untereinander und mit der Umwelt in einem ständigen Stoffaustausch. Der Umfang des Stoffaustauschs ist abhängig von der Größe der Zelloberfläche. Diese ist bei kleinen Zellen (kleines Volumen) – relativ gesehen – größer als bei Zellen mit großem Volumen. Außerdem sind die Stofftransportwege innerhalb kleiner Zellen kürzer und damit günstiger.

Aufgabe 2

Zellkern	Steuerung der Vorgänge des Stoffwechsels der Zelle und damit auch des gesamten Organismus sowie dessen Wachstum und Entwicklung.
Mitochondrien	Bereitstellung von Energie für den Stoffwechsel durch die Vorgänge der Zellatmung.
Plastiden	Nur in Pflanzenzellen.
• Chloroplasten	Träger des Chlorophylls; Ort der Fotosynthese.
• Leukoplasten	Farblos; beinhalten den Reservestoff Stärke.
• Chromoplasten	Farbstoffträger in vielen Pflanzenteilen.
endoplasmatisches Reticulum	Netzförmiges System membranumhüllter Kanälchen, das die gesamte Zelle durchzieht; Speicherung und Transport von Stoffen, zum Teil unter Abschnürung von Bläschen (Vesikeln).
Dictyosomen	Stapel flacher membranbegrenzter Räume; die Gesamtheit der Dictyosomen einer Zelle wird als Golgi-Apparat bezeichnet. An den seitlichen Rändern der Dictyosomen werden Golgi-Vesikel abgeschnürt, die Stoffe (z.B. Sekrete, Hormone) zur Zelloberfläche transportieren.
Lysosomen	Vom ER bzw. vom Golgi-Apparat gebildete Vesikel; enthalten stoffabbauende Enzyme. Aus ihnen gehen die Verdauungsvakuolen hervor, die der intrazellulären Verdauung dienen.

Ribosomen	Orte der Proteinbiosynthese in der Zelle.
Mikrotubuli	Röhrenförmige Eiweißstrukturen mit einem Durchmesser von 25 nm; sie sind Bauelemente der Centriolen und Kernspindeln sowie der Geißeln und Wimpern.
Microbodies	Membranbegrenzte Zellräume, in denen spezielle Stoffwechselreaktionen ablaufen.

Bau- und Inhaltsstoffe der Zelle

Zu den Bau- und Inhaltsstoffen der Zelle gehören im Wesentlichen die Eiweiße (Proteine), verschiedene Kohlenhydrate (Saccharide), Fette und fettähnliche Substanzen (Lipide) und die Kernsäuren (Nucleinsäuren).

Im Folgenden wird näher auf die ersten drei Stoffgruppen eingegangen. Die Nucleinsäuren werden im Band „Genetik" der Reihe „Duden Abiturhilfen" behandelt.

4.1 Kohlenhydrate

Kohlenhydrate bestehen aus den Elementen Kohlenstoff, Wasserstoff und Sauerstoff; die letzten beiden Elemente stehen häufig im Verhältnis 2 : 1, weshalb die allgemeine Summenformel für viele Kohlenhydrate $C_m(H_2O)_n$ lautet.
Die kleinsten Baueinheiten (Monomere) der Kohlenhydrate sind die Einfachzucker (Monosaccharide), z. B. Glucose, Fructose.

4.1.1 Monosaccharide

Glucose (Traubenzucker)

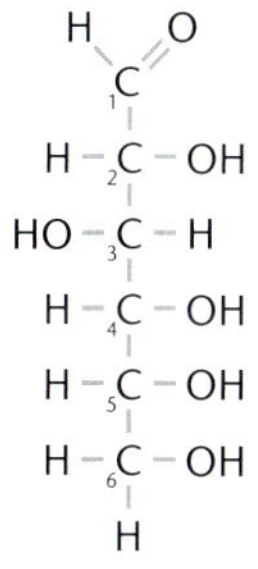

Summenformel $C_6H_{12}O_6$, also eine Hexose, da sechs C-Atome im Molekül vorliegen.
In der Kettenform der Glucose liegt am 1. C-Atom eine Aldehydgruppe vor, die reduzierend wirkt. Glucose ist eine Aldose bzw. Aldohexose. Deshalb verläuft die fehlingsche Probe positiv.
Die natürlich vorkommende Glucose ist die D-Glucose: die OH-Gruppe am 5. C-Atom in der Fischer-Projektionsformel schaut nach rechts. Weitere alkoholische OH-Gruppen befinden sich an den C-Atomen 2, 3, 4 und 6. Das Molekül enthält insgesamt vier asymmetrische C-Atome, ist also optisch aktiv; Glucose dreht die Ebene des polarisierten Lichts nach rechts und wird daher mit (+) gekennzeichnet: D-(+)-Glucose.
Zwischen der Carbonylgruppe am C-1-Atom und der Hydroxygruppe am C-5-Atom ist ein intramolekularer Ringschluss möglich, wenn man sich einen Wech-

sel des Protons der OH-Gruppe zur C=O-Gruppe vorstellt (Ringform der Glucose). Eine solche Struktur heißt cyclisches Halbacetal.

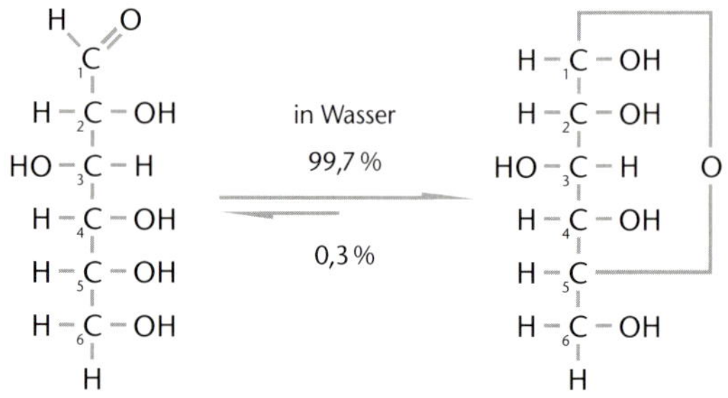

Kettenform (Fischer-Projektionsformel)

Ringform (nach Fischer)

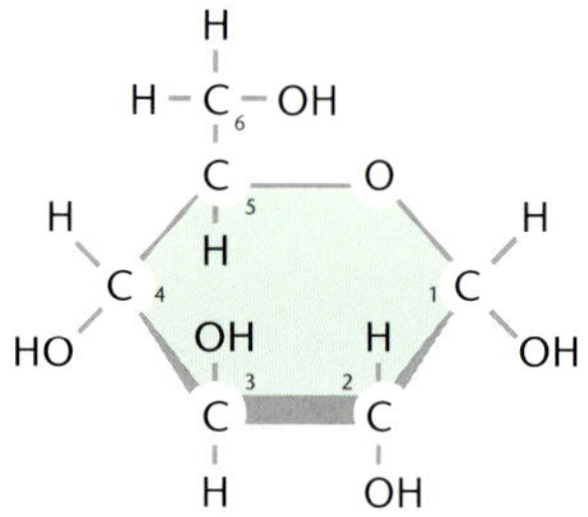

Projektionsformel (nach Haworth)

(Bei der Darstellung der Haworth-Ringform werden alle OH-Gruppen, die in der Kettenformel rechts stehen, nach unten, diejenigen, die links stehen, nach oben gezeichnet. Die dick gezeichneten Bindungen zwischen den C-Atomen müssen vor der Schreibebene, die schwächer gezeichneten Bindungen zwischen den C-Atomen und dem O-Atom hinter der Schreibebene gelegen gedacht werden.)
Infolge der Halbacetalbildung entsteht am C-1-Atom ein zusätzliches asymmetrisches C-Atom (das C-1-Atom ist nicht mehr frei drehbar), sodass zwei strukturisomere Formen (Anomere) der Glucose unterschieden werden können, die α-D-Glucose und die β-D-Glucose.

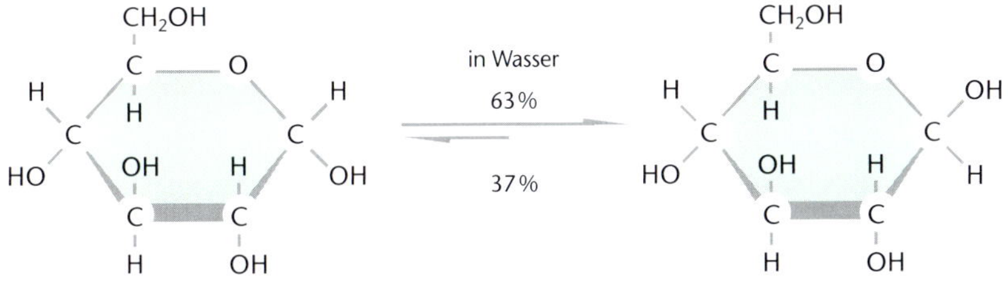

α-D-Glucose β-D-Glucose

Beide Anomere können in wässriger Lösung über die Aldehydform ineinander übergehen, wobei sich ein konstantes Gleichgewicht zwischen beiden Formen einstellt (37 % α-D-Glucose und 63 % β-D-Glucose).

Fructose (Fruchtzucker)

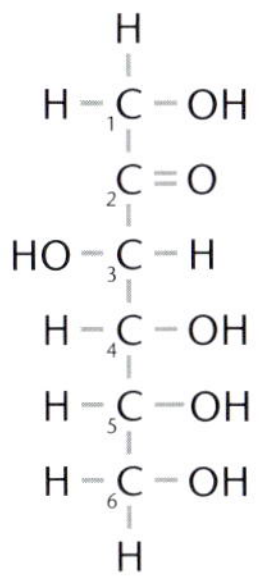

Die Fructose ist wie die Glucose eine Hexose mit der Summenformel $C_6H_{12}O_6$; sie ist aber keine Aldose, sondern eine Ketose, denn in der Kettenform trägt das 2. C-Atom eine Ketogruppe. In alkalischer Lösung vermag das Fructosemolekül über die Endiolform in Glucose überzugehen, weshalb die fehlingsche Probe positiv verläuft.
Ebenfalls wie bei der Glucose ist eine Halbacetalbildung möglich, und es existiert eine Ringform: Entweder erfolgt der Ringschluss zwischen C-2 und C-5 oder zwischen C-2 und C-6. Im ersten Fall entsteht die Fructofuranose, ein Fünfring, im zweiten Fall die Fructopyranose, ein Sechsring. Je nach Stellung der OH-Gruppe am 2. C-Atom im Ring liegen unterschiedliche Anomere vor. Man kann zwischen α- und β-Formen unterscheiden.
Das Fruchtzuckermolekül gehört der D-Reihe an und dreht die Ebene des polarisierten Lichts nach links: D-(–)-Fructose.

Pentosen

Monosaccharide mit 5 C-Atomen, z. B. D-Ribose und die reduzierte Form, die D-Desoxyribose. Beide sind Aldopentosen.

4.1.2 Disaccharide

Zweifachzucker (Disaccharide) erhält man durch eine Kondensationsreaktion zweier Einfachzucker. Die über ein O-Atom laufende Brückenbindung zwischen den Einfachzuckern heißt glykosidische Bindung:

$$2C_6H_{12}O_6 \longrightarrow C_{12}H_{22}O_{11} + H_2O.$$

Maltose (Malzzucker) — Disaccharid aus zwei α-Glucose-Einheiten, wobei die glykosidische Bindung aus der OH-Gruppe am C-1-Atom einerseits und der OH-Gruppe am C-4-Atom andererseits entsteht, daher α-1,4-glykosidische Bindung

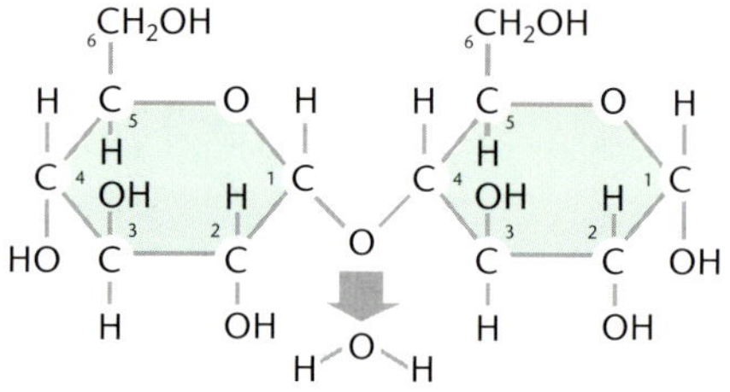

Saccharose (Rübenzucker, Rohrzucker) — Disaccharid aus α-Glucose und β-Fructose in 1,2-glykosidischer Bindung.
Das durch Kochen mit verdünnten Säuren erhaltene äquimolare Gemisch aus Glucose und Fructose heißt Invertzucker, weil mit der Zerlegung des Disaccharids eine Umkehrung (Inversion) der Drehrichtung des polarisierten Lichts einhergeht (Saccharose ist rechtsdrehend, das äquimolare Gemisch aus D-(+)-Glucose und D-(–)-Fructose linksdrehend).

Lactose — Besteht aus β-Galaktose und Glucose in 1,4-glykosidischer Bindung.

4.1.3 Polysaccharide

Polysaccharide (Vielfachzucker) entstehen durch Zusammenschluss vieler (100 bis einige 10000) Monosaccharidmoleküle zu kettenförmigen, aus den Monomeren zusammengesetzten Makromolekülen (Polymeren).

Stärke — Aus einigen 100 bis einigen 1000 α-Glucose-Einheiten durch 1,4-glykosidische Bindung verknüpftes Polysaccharid:

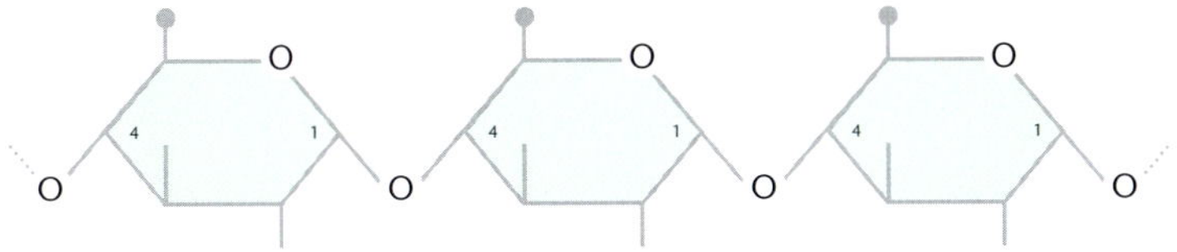

Natürlich vorkommende Stärke besteht zu 20–30 % aus Amylose und zu 70–80 % aus Amylopektin. Amylose besteht aus α-Glucose-Einheiten in 1,4-glykosidischer Bindung und liegt in Form lang gestreckter, schraubig gewundener Makromoleküle vor (Molmasse 50 000 – 160 000). Amylose ist verantwortlich für die Blaufärbung von Stärke mit Iod: Die I_2-Moleküle lagern sich in die Amyloseschrauben ein und bilden mit ihnen Einschlussverbindungen von blauschwarzer Iodstärke.

Amylopektin besteht wie Amylose aus Glucoseeinheiten, die jedoch buschartig verzweigte Ketten bilden. Innerhalb der Ketten erfolgt die Verknüpfung α-1,4-glykosidisch, dagegen an den Verzweigungsstellen α-1,6-glykosidisch. Die Molmasse beträgt ca. 400 000.

Cellulose

Wie die Stärke besteht Cellulose aus D-Glucose-Einheiten (Molmasse zwischen 200 000 und 2 Millionen). Anders als bei der Stärke liegen jedoch β-1,4-glykosidische Bindungen vor, was eine wechselnde räumliche Anordnung der Sauerstoffbrücken zur Folge hat. Dadurch ist die Ausbildung langer Celluloseketten möglich, die zu Bündeln vereinigt werden können:

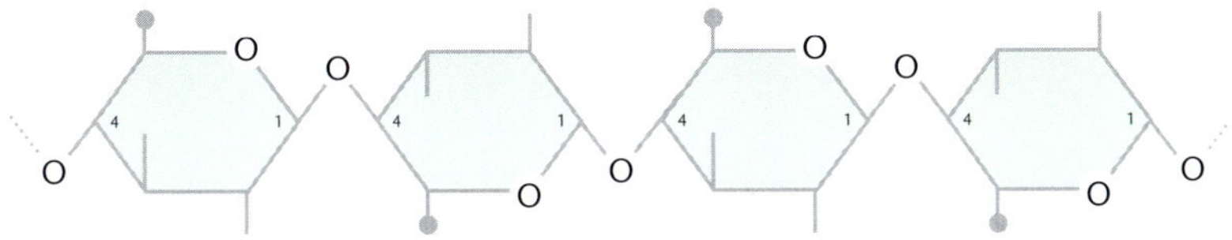

Glykogen	Ähnelt in seinem chemischen Aufbau dem Amylopektin; die Ketten sind jedoch noch mehr verzweigt und höhermolekular.

4.1.4 Löslichkeit der Kohlenhydrate

Mono- und Disaccharide sind wegen der Vielzahl an polar gebauten OH-Gruppen im Molekül in Wasser gut löslich. Die Polysaccharide sind im Allgemeinen in Wasser unlöslich, was auf die große Moleküllänge zurückzuführen ist. Amylose geht in heißem Wasser kolloidal in Lösung.

4.1.5 Vorkommen und Bedeutung der Kohlenhydrate

D-(+)-Glucose kommt in Zellen des Fruchtfleisches süßer Früchte (z.B. Trauben) vor, ebenso die **D-(–)-Fructose**. Sie ist außerdem Bestandteil der Saccharose. **Pentosen** sind am Aufbau der Nucleinsäuren beteiligt. **Glykoside** sind etherartige Verbindungen zwischen einem Zucker und einem Alkohol, z.B. das Amygdalin (Inhaltsstoff im Speichergewebe des Mandelsamens); sie sind als Naturstoffe weit verbreitet.

Maltose entsteht im Speichergewebe keimender Samen als wasserlösliches Zwischenprodukt beim biochemischen Abbau der Stärke (z.B. im Gerstenmalz). **Saccharose** kommt in den Markzellen des Sprosses vom Zuckerrohr und im Speichergewebe der Zuckerrübe vor. **Stärke** ist das wichtigste pflanzliche Speicherkohlenhydrat und liegt in Form kleiner Körner in Speichergeweben von Knollen (Kartoffel), Zwiebeln, Wurzelstöcken und Samen (Getreidekörner, Hülsenfrüchte) vor. **Glykogen** ist das Speicherkohlenhydrat in Muskelzellen und der Leber (Leberstärke) und dient so als Energiereserve. **Cellulose** ist die Gerüstsubstanz pflanzlicher Zellwände (mit Ausnahme der Pilze) und typisch in Pflanzenfasern wie die Samenhaare der Baumwolle, des Flachses (Leinen) und des Hanfs; Holz enthält zu 50% seiner Trockensubstanz Cellulose (daneben Hemicellulose und Lignin). **Hemicellulose** ist die Bezeichnung für eine uneinheitliche Gruppe komplexer Polysaccharide des Holzes. **Chitin** ist ein stickstoffhaltiges Polysaccharid und der Hauptbestandteil des Außenskeletts von Insekten und Krebsen; außerdem kommt es in den Zellwänden der Pilze vor. **Mucopolysaccharide** sind Verbindungen, die neben einem geringen Proteinanteil im Wesentlichen aus Kohlenhydraten (z.B. Mannose, Galactose, Glucuronsäure, Glucosamin, Galactosamin) zusammengesetzt sind. Sie sind Bausubstanz im Stütz- und Bindegewebe, aber auch der Schleimstoffe (Mucine) in tierischen Organen und Sekreten. Die Hyaluronsäure, das einfachste Mucopolysaccharid, ist im Glaskörper des Auges und in der Nabelschnur enthalten.

4.2 Fette

Die natürlichen Fette sind Ester des dreiwertigen Alkohols Glycerin (Formel: $CH_2OH–CHOH–CH_2OH$) und mittlerer bzw. höherer Carbonsäuren (Fettsäuren) mit gerader C-Zahl: Fette sind also Triglyceride. Da meistens verschiedene Fettsäuren im Molekül vorliegen, spricht man von einem gemischten Fettmolekül bzw. von einem gemischten Triglycerid.

Beispiel für ein gemischtes Triglycerid:

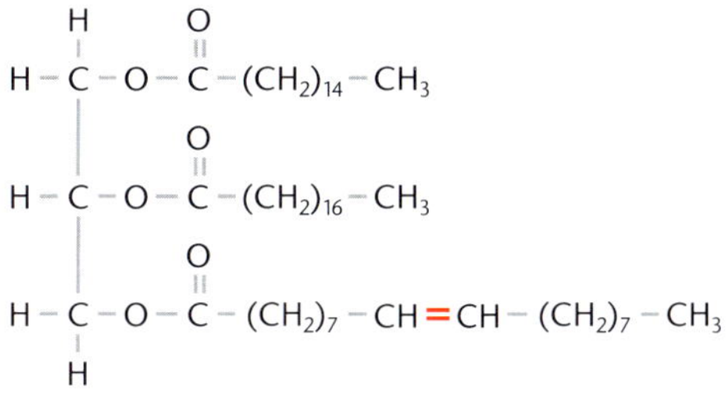

4.2.1 Fettsäuren

tierische Fette	Triglyceride, die hauptsächlich die Fettsäuren Palmitinsäure ($C_{15}H_{31}COOH$), Stearinsäure ($C_{17}H_{35}$-$COOH$) und Ölsäure ($C_{17}H_{33}COOH$) enthalten.
pflanzliche Fette	Pflanzliche Fette enthalten gegenüber den tierischen Fetten einen höheren Anteil an ungesättigten Fettsäuren. Neben der Ölsäure kommen die Linolsäure ($C_{17}H_{31}COOH$) und die Linolensäure ($C_{17}H_{29}COOH$) vor. Je höher der Anteil an ungesättigten Fettsäuren ist, umso flüssiger ist das Fett.
ungesättigte Fettsäuren	Fettsäuren, die eine oder mehrere C=C-Doppelbindungen im Kohlenwasserstoffrest besitzen. Die **Ölsäure** ist eine einfach ungesättigte Fettsäure mit einer C=C-Doppelbindung zwischen dem 9. und 10. C-Atom: $CH_3-(CH_2)_7-CH{=}CH-(CH_2)_7-COOH$

Die **Linolsäure** als zweifach ungesättigte Fettsäure besitzt 2 C=C-Doppelbindungen, und zwar zwischen dem 9. und 10. und zwischen dem 12. und 13. C-Atom:

$$CH_3-(CH_2)_4-CH=CH-CH_2-CH=CH-(CH_2)_7-COOH$$

Die **Linolensäure** ist eine dreifach ungesättigte Fettsäure und besitzt jeweils zwischen dem 9. und 10., zwischen dem 12. und 13. und zwischen dem 15. und 16. C-Atom eine C=C-Doppelbindung:

$$CH_3-CH_2-CH=CH-CH_2-CH=CH-CH_2-CH=CH-(CH_2)_7-COOH$$

4.2.2 Löslichkeit der Fette

Die unpolaren langen Kohlenwasserstoffreste der Fettsäuren überwiegen gegenüber den polaren, aber relativ kleinen Estergruppen, sodass Fette nur in unpolaren Lösungsmitteln, nicht aber in polaren Lösungsmitteln (z.B. Wasser) löslich sind.

4.2.3 Vorkommen und Bedeutung der Fette

Vorkommen der Fette bei Pflanzen	Pflanzliche Fette liegen als Öltröpfchen in den Zellen spezieller Gewebe, z.B. in reifen Früchten und Samen, vor (Leinöl, Olivenöl, Sojaöl, Erdnussöl, Kokosfett).
Vorkommen der Fette bei Tieren	Tierische Fette kommen vor allem in den Zellen des Unterhautgewebes (Rinder- und Hammeltalg, Gänse- und Schweineschmalz, Walöl) oder als Fettmantel um innere Organe vor.
Bedeutung der Fette für die Pflanzen	Energiereserve für den Keimling.
Bedeutung der Fette für die Tiere	Schutz vor Wärmeverlust (z.B. bei Meeressäugern) und vor mechanischer Einwirkung (Stöße, z.B. Fettmantel um die Nieren); als Energiereserve z.B. für die Winterschläfer.

4.3 Polare Lipide

Polare Lipide zeigen einen ähnlichen Aufbau wie die Fettmoleküle; der Glycerinrest trägt neben unpolaren Fettsäureresten jedoch eine Atomgruppe mit polaren Bindungen. Lecithine z. B. sind Esterverbindungen, die aus Glycerin, zwei langkettigen Fettsäuren und einer polaren, aus einem Phosphatrest und einem Cholinrest bestehenden, am 3. C-Atom sitzenden Atomgruppe aufgebaut sind.
Polare Lipide sind wichtige Bausteine aller biologischen Membranen. Durch den hohen Anteil an mehrfach ungesättigten Fettsäureresten erhalten die Biomembranen ihre weitgehend flüssige Beschaffenheit.

4.4 Proteine

Proteine sind kettenförmige Makromoleküle (Polypeptidkette), die aus 100 oder mehr durch so genannte Peptidbindungen miteinander verknüpften Aminosäuren bestehen.

4.4.1 Aminosäuren

Aminosäuren sind Substitutionsprodukte einfacher Carbonsäuren: Bei den meisten in der Natur vorkommenden Aminosäuren ist ein H-Atom am α-C-Atom durch eine Aminogruppe (NH_2-Gruppe) ersetzt, z. B.:

Essigsäure (Ethansäure) α-Aminoessigsäure (Glycin), die einfachste Aminosäure

Die allgemeine Formel einer α-Aminosäure lautet:

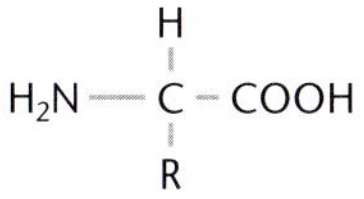

(R = Seitenkette)

Außer Glycin sind alle in der Natur vorkommenden Aminosäuren optisch aktiv, d. h. sie drehen die Ebene des polarisierten Lichts aufgrund asymmetrischer C-Atome; außerdem besitzen sie L-Konfiguration, d. h. die NH_2-Gruppe schaut in der Fischer-Projektionsformel nach links.
Neben zusätzlichen COOH- und NH_2-Gruppen können die Seitenketten

auch Hydroxy-(OH-) oder Thiolgruppen (SH-Gruppen) sowie Ringsysteme enthalten oder sie können auch reine Kohlenwasserstoffe darstellen.

4.4.2 Peptide

Dipeptide
: Durch eine Kondensationsreaktion zweier Aminosäuren entsteht ein spezieller Verknüpfungstyp, der Peptidbindung genannt wird:

Tripeptide, Oligopeptide, Polypeptide
: Durch peptidartige Verknüpfung weiterer Aminosäuren entsteht zuerst ein Tripeptid, dann ein Oligopeptid und schließlich ein Polypeptid. Die Polypeptidketten sind die strukturelle Grundlage der Proteine. In den in der Natur vorkommenden Proteinen treten 20 verschiedene Aminosäuren auf, die sich in der Seitenkette R unterscheiden. Die Proteine sind bezüglich der Anzahl und der Reihenfolge (Sequenz) der sie aufbauenden Aminosäuren verschieden. Daraus ergibt sich eine sehr hohe Variationsmöglichkeit in der Zusammensetzung von Proteinen, was zur Folge hat, dass jeder Organismus sein eigenes individuelles Aminosäuremuster in den Proteinen besitzt.

4.4.3 Struktur der Proteine

Primärstruktur
: Die spezielle Abfolge der verschiedenen Aminosäuren im Proteinmolekül (Aminosäuresequenz).

Sekundärstruktur
: Die spezifische Anordnung der Aminosäuresequenz im Raum; Stabilisierung der Raumstruktur durch H-Brückenbindungen zwischen innerhalb der Peptidketten nicht benachbarten Aminosäuren: Die Ausbildung intramolekularer H-Brücken ergibt die gewundene α-Helix-Struktur (verwirklicht z.B. im Haarkeratin). Intermolekulare H-Brücken (also zwischen

Aminosäuren verschiedener Peptidketten) ergeben die β-Faltblatt- Struktur (verwirklicht im Seidenfaserprotein der Seidenraupe).

Tertiärstruktur — Die spezifische räumliche Gestalt der Sekundärstruktur unter Beteiligung weiterer drei Bindungsarten neben der H-Brückenbindung: Ausbildung zusätzlicher Atombindungen (Disulfidbrücken, –S–S–), Ionenbindungen ($-NH_3^+ \ldots ^-OOC-$), Van-der-Waals- Kräfte.

Quartärstruktur — Die räumliche Anordnung mehrerer Tertiärstrukturen, die zu einem einzigen Makromolekülkomplex zusammentreten. Z. B. enthält das Hämoglobinmolekül vier Polypeptidketten mit jeweils spezifischer Tertiärstruktur.

4.4.4 Weitere Eigenschaften der Proteine

Ladungsverhältnisse — Sowohl frei als auch in wässriger Lösung liegen Aminosäuren als Zwitterionen vor:
$^+H_3N-CHR-COO^-$.
In den Seitenketten R der Aminosäuren können zusätzliche Carboxygruppen (bei sauren Aminosäuren) oder zusätzliche Aminogruppen (bei basischen Aminosäuren) auftreten. Deshalb kann ein Proteinmolekül durch Protonenübergänge weitere sowohl negative als auch positive Ladungen tragen ($-COO^-$, $-NH3^+$), was vom pH-Wert der umgebenden Lösung abhängt.

Löslichkeit der Proteine — Bei einem bestimmten pH-Wert ist die Zahl der positiven und negativen Ladungen im Proteinmolekül gleich. Diesen pH-Wert bezeichnet man als den isoelektrischen Punkt (IEP). Am IEP weist das Protein die geringste Wasserlöslichkeit auf, da nach »außen« keine Ladung wirksam wird, durch die eine Hydrathülle gebildet werden kann.
Wasserlösliche Proteine sind z. B. die Serumalbumine im Blut und die Samenalbumine in Pflanzen.

4.4.5 Vorkommen und Bedeutung der Proteine

Proteine sind am Aufbau der Zellstrukturen beteiligt und sind auch Bestandteil des Grundplasmas. Etwa die Hälfte der Trockensubstanz einer Zelle besteht aus Proteinen. Außerdem dienen sie als Speicherstoffe, z. B. in Form der Aleuronkörner in Zellen des Speichergewebes von Ricinussamen.

Vorkommen als Faserproteine (Skleroproteine)	Die Proteinmoleküle liegen bündelweise nebeneinander: In glatten Muskelzellen und in quer gestreiften Muskelfasern; im Keratin der Haare, Nägel, Hörner, Federn; im Kollagen des Bindegewebes, der Sehnen und Bänder; im Blutfaserstoff Fibrin.
Vorkommen als Sphäroproteine (globuläre Proteine)	Die Proteinmoleküle sind verknäult und von kugelförmigem (globulärem) Bau. Sie werden von bestimmten Zelltypen gebildet und abgeschieden. Sie kommen vor: In der Milch, im Hühnereiweiß; als Albumine im Blutplasma; als Hämoglobin, als Hormone, als Enzyme; als Antikörper.

4.5 Aufgabenbeispiele

Aufgabe 1

Erklären Sie die Erscheinung, dass Fette in polaren Lösungsmitteln, wie z. B. Wasser, unlöslich sind!

Aufgabe 2

Lecithin ist ein polares Lipid biologischer Membranen. In einem Lecithinmolekül sind die OH-Gruppen der ersten beiden C-Atome des Glycerins beispielsweise mit Stearinsäure und mit Ölsäure, die dritte OH-Gruppe mit Phosphorylcholin verestert. Phosphorylcholin ist ein Ester zwischen Phosphorsäure und Cholin. Die Formel von Cholin lautet:

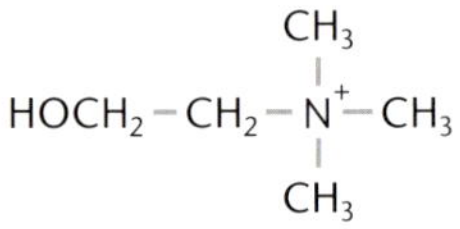

Welche Formel besitzt das Lecithinmolekül?

Aufgabe 3

Erklären Sie, wieso fast alle Aminosäuren in Wasser gut bis mäßig löslich, in unpolaren Lösungsmitteln dagegen praktisch unlöslich sind!

Aufgabe 4

Wie lautet die vollständige Reaktionsgleichung für die Synthese eines Tripeptids aus Aminosäuren mit den Aminosäureresten

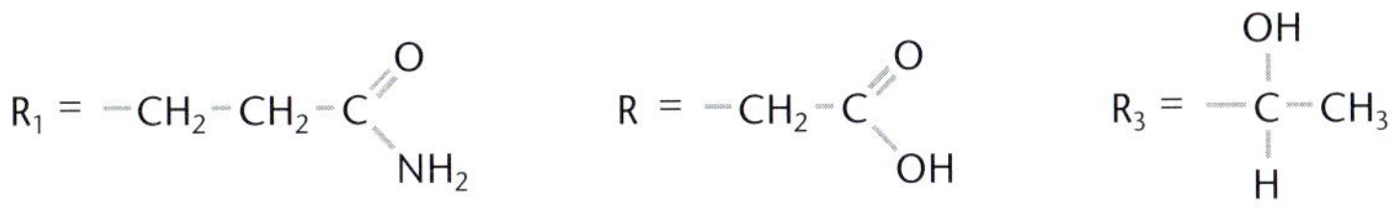

Aufgabe 5

Geben Sie die Formeln für die über die Endiolform verlaufende Umlagerung von Fructose in Glucose an!

Aufgabe 6

Geben Sie die Formeln für die α-D-Fructopyranose und die β-D-Fructofuranose an!

Aufgabe 7

Zeigen Sie, aus welcher Form heraus die Fructofuranose mit fehlingscher Lösung reagiert!

Aufgabe 8

Erklären Sie, wieso Maltose auf fehlingsche Lösung reduzierend wirkt, sodass ein roter Niederschlag ausfällt!

Aufgabe 9

Das Saccharosemolekül ist ein Disaccharid aus α-D-Glycose und β-D-Fructofuranose in 1,2-glykosidischer Bindung.

Wie lautet die Strukturformel von Saccharose?
Kann Saccharose fehlingsche Lösung reduzieren? Begründen Sie!

Aufgabe 10

Eine Amyloselösung reagiert auf die fehlingsche Probe negativ, dagegen fällt die fehlingsche Probe nach Kochen der Amyloselösung mit verdünnter Säure positiv aus. Erklären Sie diese Beobachtungen!

Aufgabe 11

Das pflanzliche Reservekohlenhydrat Inulin (im Milchsaft des Löwenzahns und einiger seiner Verwandten) ist ein Polysaccharid, das aus D-Fructofuranose-Einheiten in 1,2-β-glykosidischer Bindung besteht. Zeichnen Sie einen Ausschnitt aus der Strukturformel des Inulins!

4.6 Lösungsvorschläge

Aufgabe 1

Wassermoleküle sind polar gebaut: Das O-Atom ist wesentlich stärker elektronegativ als das H-Atom (Elektronegativitätsdifferenz, kurz EN-Differenz 1,4), d. h., die Bindungselektronenpaare zwischen dem Sauerstoffatom und den beiden Wasserstoffatomen werden stärker zum Sauerstoff hingezogen, was zu einer unterschiedlichen Elektronendichte zwischen beiden Atomsorten führt. Daher treten bei den Bindungspartnern Teilladungen (Partialladungen, δ) auf. Das O-Atom besitzt eine negative Partialladung (δ–), das H-Atom eine positive Partialladung (δ+).

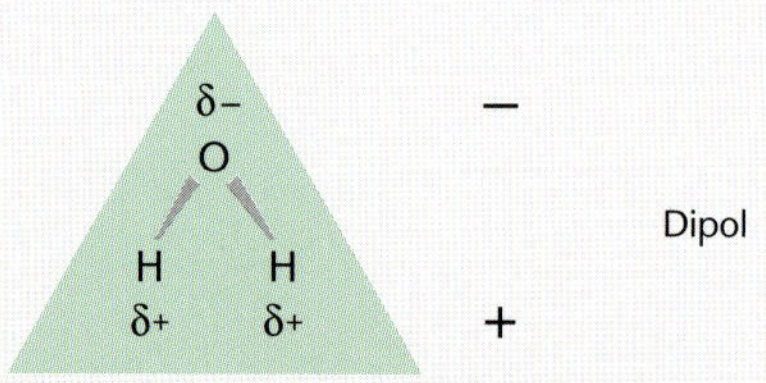

Das Wassermolekül ist gewinkelt gebaut; der Bindungswinkel zwischen den Achsen beider O–H-Bindungen beträgt 104,5°. Das hat zur Folge, dass zwei getrennte Ladungsschwerpunkte im Molekül vorliegen, ein positiver und ein negativer; das Wassermolekül ist ein Dipol.
Fettmoleküle besitzen keinen ausgeprägten Dipolcharakter; sie sind im Wesentli-

chen unpolar gebaut. Zwar liegen aufgrund der stark elektronegativen O-Atome in den Estergruppen ebenfalls unterschiedliche Ladungsschwerpunkte vor, jedoch überwiegen die relativ langen, unpolar gebauten Kohlenwasserstoffketten der Fettsäurereste. Die C- und H-Atome in den Resten besitzen nur sehr kleine negative bzw. positive Teilladungen, da die EN-Differenz mit 0,4 wesentlich kleiner ist als zwischen Sauerstoff und Wasserstoff. Außerdem werden die C-Atome in den Kohlenwasserstoffketten gleichmäßig von den H-Atomen umgeben, sodass nach außen hin keine Dipole wirksam werden können. Die relativ starken Dipole der Wassermoleküle, die untereinander über Wasserstoffbrücken elektrostatische Anziehungskräfte entfalten, sind somit nicht in der Lage, sich zwischen die unpolaren Fettsäurereste der Fettmoleküle zu drängen.

Aufgabe 2

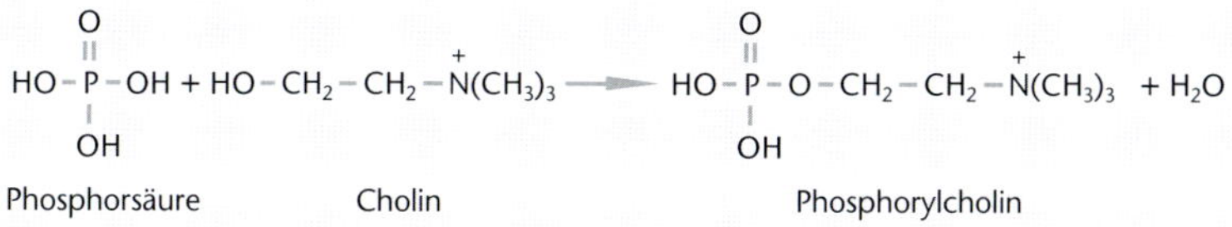

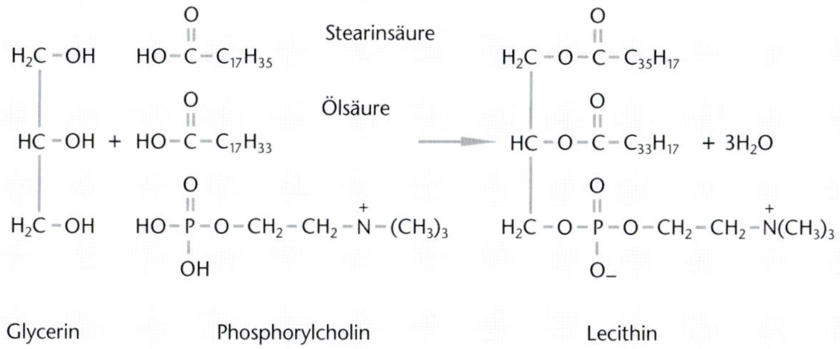

Aufgabe 3

Die gute Löslichkeit von Aminosäuren in Wasser – wenn der Rest R nicht zu stark hydrophob ist – ist auf die Ausbildung von Anionen, Kationen oder Zwitterionen und deren Fähigkeit, Hydrathüllen zu bilden, zurückzuführen.
Die Wasserlöslichkeit vieler Proteine beruht ebenfalls auf dieser Erscheinung.

Aufgabe 4

Die Reaktionsgleichung für eine der 27 Kombinationsmöglichkeiten lautet:

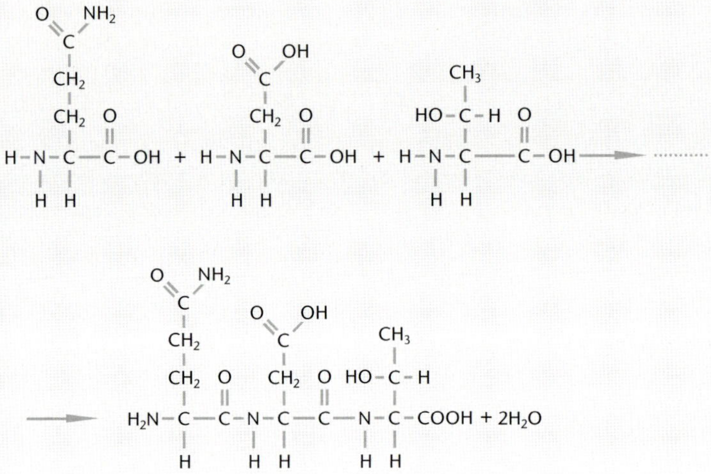

Tripeptid

Aufgabe 5

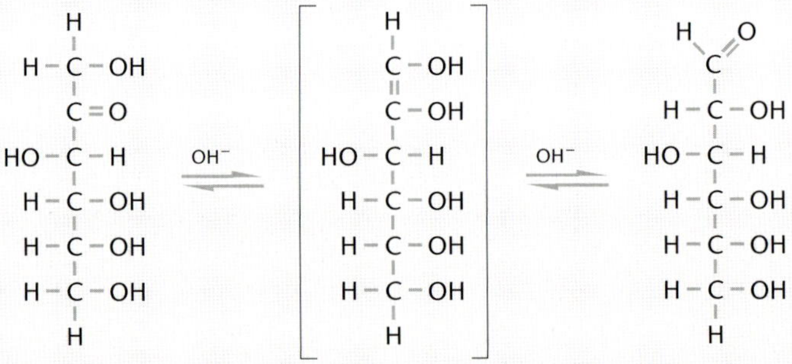

Ketose — Endiolform (nicht isolierbar) — Aldose

Aufgabe 6

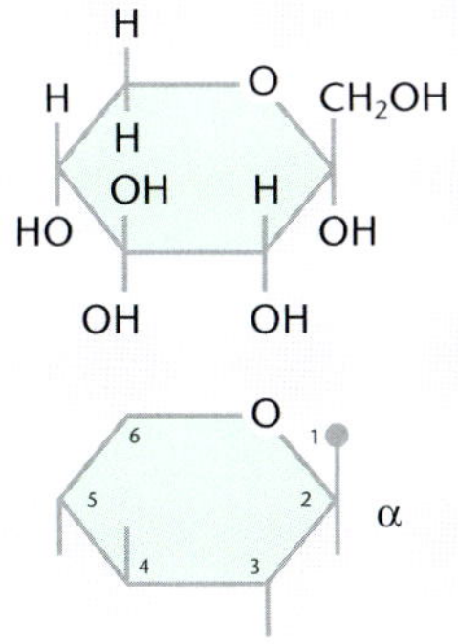

α-D-Fructopyranose
(Ringschluss vom 2. zum 6. C-Atom)

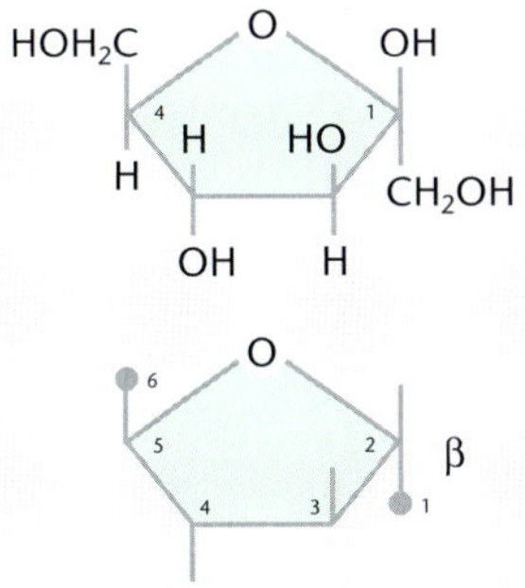

β-D-Fructofuranose
(Ringschluss vom 2. zum 5. C-Atom)

Aufgabe 7

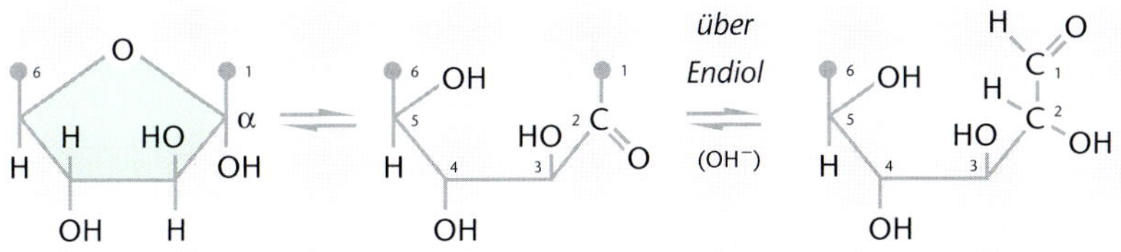

Ketose

Aldose (wirkt reduzierend)

Aufgabe 8

An demjenigen C-1-Atom des Maltosemoleküls, das keine glykosidische Bindung eingegangen ist, ist die Ausbildung einer reduzierend wirkenden Aldehydgruppe durch Ringöffnung möglich:

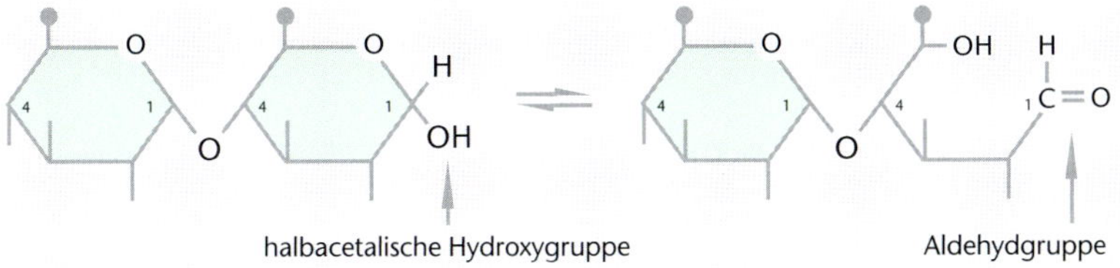

Aufgabe 9

Saccharose kann fehlingsche Lösung nicht reduzieren, weil durch die glykosidische Bindung zwischen dem C-1-Atom der Glucose und dem C-2-Atom der Fructose die durch Ringöffnung eingeleitete Ausbildung reduzierend wirkender Aldehydgruppen blockiert ist:

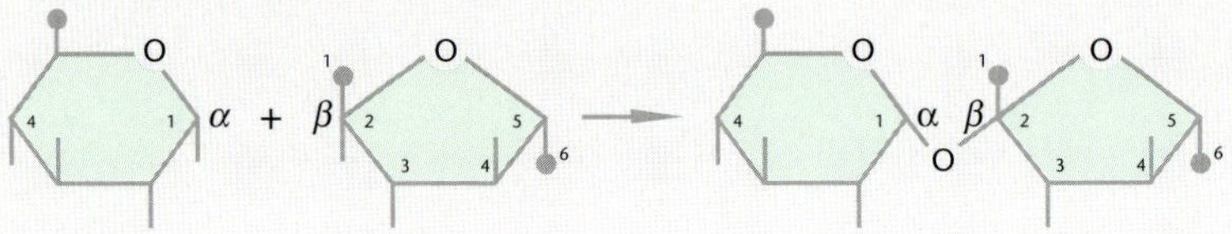

α-Glucose β-Fructofuranose Saccharose

Aufgabe 10

Im Polysaccharidmolekül der Amylose liegen die α-D-Glucose-Einheiten in 1,4-glykosidischer Bindung vor. Dadurch wird die Ausbildung von Aldehydgruppen an den C-1-Atomen blockiert, sodass keine Reduktion der fehlingschen Lösung stattfinden kann.

Durch Kochen mit verdünnter Säure wird infolge der Hydrolyse die Amylose zu Glucoseeinheiten, die reduzierend wirken, abgebaut.

Aufgabe 11

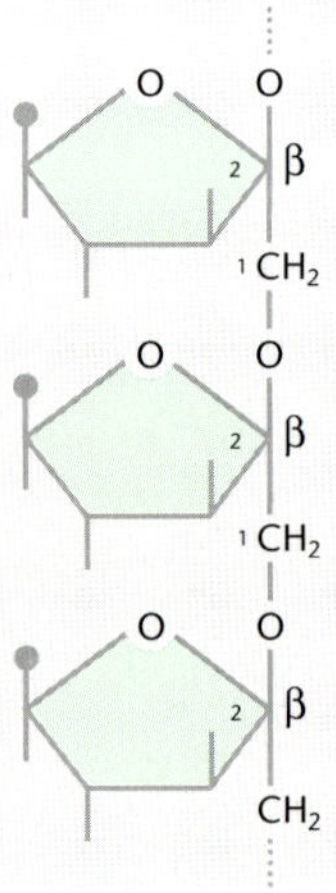

Biomembranen und die Transportvorgänge der Zelle

5.1 Struktur und Bedeutung von Biomembranen

Alle Biomembranen bestehen aus einer Doppelschicht aus polaren Lipiden und eingelagerten Proteinen. Die polaren Lipide sind so angeordnet, dass ihre unpolaren Kohlenwasserstoffketten gegeneinander, also zum Inneren der Membran hin, ausgerichtet sind. Bei den Proteinen unterscheidet man die relativ leicht ablösbaren peripheren Proteine und die wesentlich fester gebundenen integralen Proteine.
Die Dicke der Lipiddoppelschicht schwankt zwischen 6 und 10 nm. Aus der Außenmembran von Tierzellen ragen Ketten von Zuckermolekülen als Glykokalyx heraus.
Das Plasmalemma (Zellmembran) besteht zu 50–60 % aus Proteinen und zu 40–50 % aus Phospholipiden, Glykolipiden und Cholesterin; es ist durch Ergosterin und andere Sterine ersetzt; den Bakterien fehlen die Sterine ganz.
Die wichtigsten in der Cytoplasmamembran vorkommenden Membranlipide sind im Folgenden zusammengestellt.

Phospholipide:

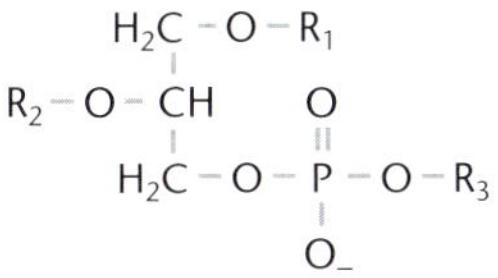

R_1 und R_2 = Fettsäurereste, z. B. der Palmitinsäure ($C_{15}H_{31}COOH$)

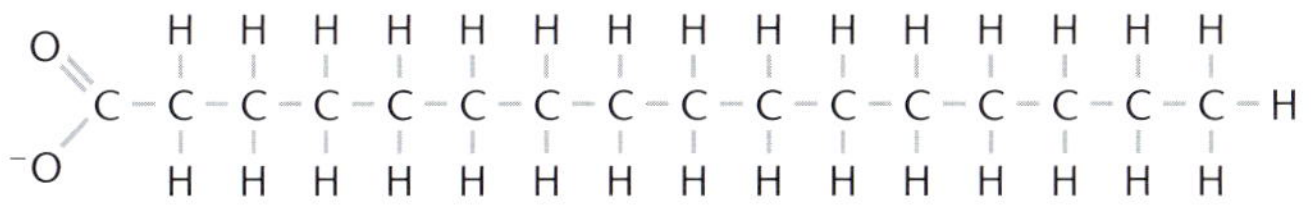

R_3 = Ethanolaminrest (im Phosphatidylethanolamin)

$$-CH_2-CH_2-NH_2$$

= Cholinrest (im Lecithin oder Phosphatidylcholin)

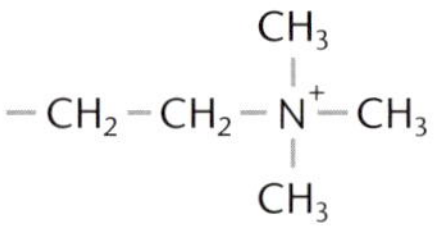

= Serinrest (im Phosphatidylserin)

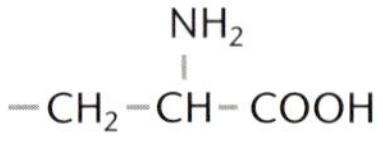

= myo-Inosit-Rest (im Phosphatidylinosit)

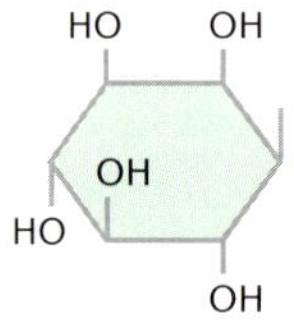

Glykolipide:
z. B. Cerebroside und Ganglioside in tierischen, Mono- und Digalaktosylglyceride in pflanzlichen Zellen.

Sterine:
z. B. Cholesterin

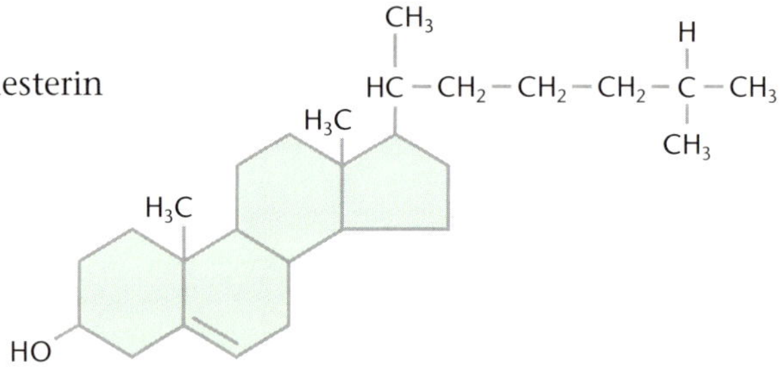

5.1.1 Das dynamische Modell der Biomembran (fluid mosaic model)
Die nach innen ragenden Fettsäureketten der polaren Lipide sind nicht starr gestreckt, sondern in sich beweglich, sie befinden sich in einem quasi »flüssigkristallinen« Zustand. Außerdem sind die Lipidmoleküle der Membran nicht ortsfest verankert und unbeweglich, sondern jedes Lipidmolekül ändert ständig seine Position. Im wesentlichen gilt dies auch für die Proteine.

5.1.2 Stoffdurchlässigkeit der Membran

Für Wassermoleküle ist die Membran wegen deren geringer Größe im Verhältnis zu den großen Membranmolekülen sehr gut durchlässig. Fette und ähnlich gebaute (unpolare) Stoffe permeieren (durchdringen) die Membran aufgrund deren hohen lipophilen Anteils recht gut, dagegen permeieren Zucker und ähnlich gebaute (polare) Stoffe die Membran nur sehr langsam. Der Transport dieser Stoffe und von größeren Ionen wird von spezifischen Membranproteinen bewerkstelligt.

5.1.3 Bedeutung von Biomembranen für die Zelle

Biomembranen dienen der Abgrenzung des Protoplasmas gegenüber der Umgebung, wobei einerseits der Durchtritt bestimmter Stoffe verhindert wird, andererseits aber Stoffe auch bevorzugt durchgelassen oder selektiv hindurchtransportiert werden. Außerdem schaffen Biomembranen bei Zellorganellen Reaktionsräume (Kompartimente) innerhalb der Zelle. Des Weiteren bilden sie die Voraussetzung für die verschiedenen Cytosevorgänge.

5.2 Diffusion

Die Diffusion stellt einen passiven Stofftransportvorgang (der Zelle) dar. Sie bezeichnet die Wanderung von Teilchen (Ionen, Moleküle) von einem Ort höherer Konzentration zu einem Ort niederer Konzentration aufgrund ihrer Eigenbewegung. Infolge der Diffusion tritt ein Konzentrationsausgleich zwischen verschiedenen Gas- oder Flüssigkeitsräumen ein, der durch einen dynamischen Gleichgewichtszustand charakterisiert ist, da die Moleküle weiterhin in Bewegung sind.

Molekularbewegung	Eigenbewegung von Gas- oder Flüssigkeitsmolekülen. Die Molekularbewegung führt dazu, dass sich Gase und Flüssigkeiten in dem ihnen zur Verfügung stehenden Raum gleichmäßig ausbreiten.
brownsche Bewegung	Regellose, zitternde Bewegung mikroskopisch kleiner fester oder flüssiger Teilchen in Gasen oder Flüssigkeiten (z. B. Tuscheteilchen in einem Wassertropfen unter dem Mikroskop betrachtet). Die brownsche Be-

wegung wird verursacht durch Stöße, die die in Eigenbewegung befindlichen Moleküle des umgebenden Mediums auf die darin schwebenden Teilchen ausüben.

Diffusionsgeschwindigkeit

Die Diffusionsgeschwindigkeit ist von dem Konzentrationsgefälle, der Diffusionsstrecke, der Temperatur und von der Art des diffundierenden Stoffs abhängig. Bei der Diffusion durch eine Austauschfläche gilt das ficksche Diffusionsgesetz:

$$\dot{m} = -D \cdot F \cdot \varnothing C / \varnothing x.$$

Danach ist der Diffusionsstrom (Teilchenfluss) m der Konzentrationsdifferenz $\varnothing C$ und der Austauschfläche F direkt proportional und dem Diffusionsweg $\varnothing x$ umgekehrt proportional. Der Proportionalitätsfaktor D ist ein vom Diffusionsmedium, von der Art der diffundierenden Teilchen und von der Temperatur abhängiger Koeffizient und wird deshalb als Diffusionskoeffizient bezeichnet.

Bedeutung der Diffusion für Zellen und Organismen

Der Vorgang der Diffusion gewährleistet den Wasser- und Stofftransport innerhalb der Zelle. Außerdem sind Diffusionsprozesse bei der Aufnahme von Stoffen durch die Zellmembran, beispielsweise bei der Nahrungsresorption in den Verdauungsorganen und beim Austausch der Atemgase, beteiligt.
Die O_2- bzw. CO_2-Diffusion in der Lunge und in den anderen Körperorganen erfolgt stets auf direktem Wege in Richtung der abnehmenden Konzentration. Die Gewebe mit ihren intra- und extrazellulären Räumen müssen also weitgehend homogene Diffusionsräume darstellen. Die Zellorganellen bilden praktisch keine Diffusionshindernisse. Lediglich die Diffusionskoeffizienten der Gewebe unterscheiden sich ein wenig voneinander.

diffundierende Substanz	Diffusionsmedium	D (cm^2/s)
O_2	Blutplasma	$2{,}2 \cdot 10^{-5}$
	Hirnrinde	$1{,}6 \cdot 10^{-5}$
	Muskulatur	$1{,}2 \cdot 10^{-5}$
	Erythrocyt	$0{,}8 \cdot 10^{-5}$
CO_2	Blutplasma	$1{,}9 \cdot 10^{-5}$
	Hirnrinde	$1{,}5 \cdot 10^{-5}$
	Muskulatur	$1{,}2 \cdot 10^{-5}$
	Erythrocyt	$0{,}8 \cdot 10^{-5}$
Glucose	Cytoplasma	$10^{-7} - 10^{-6}$

Tabelle 2: Diffusionskoeffizienten D für verschiedene biologische Medien bei 37 °C (nach: Gerhard Thews/Ernst Mutschler/Peter Vaupel, Anatomie, Physiologie, Pathophysiologie des Menschen; 4. Auflage 1991, Wissenschaftliche Verlagsgesellschaft mbH, Stuttgart)

5.3 Osmose

Unter Osmose versteht man die einseitig gerichtete Diffusion durch eine semipermeable Membran. Die einseitige Diffusion kommt zustande, wenn die semipermeable Membran zwei verschieden konzentrierte Lösungen, z. B. Leitungswasser und eine Zuckerlösung, voneinander trennt. Die semipermeable Membran ist in diesem Fall nur für Wassermoleküle, nicht aber für die größeren Zuckermoleküle durchlässig. Infolge der unterschiedlichen Konzentrationen wandern pro Zeiteinheit mehr Wassermoleküle vom Ort höherer Konzentration (reines Wasser) zum Ort geringerer Konzentration (Zuckerlösung) als in umgekehrter Richtung. Die Osmose kommt zum Stillstand, wenn pro Zeiteinheit gleich viele Wassermoleküle in beide Richtungen durch die semipermeable Membran hindurchtreten. Dieser Zustand ist gekennzeichnet durch ein dynamisches Gleichgewicht, in dem sich die Konzentrationen nicht mehr verändern, aber dennoch Wassermoleküle durch die semipermeable Membran hin- und herwechseln.

5.3.1 Der osmotische Druck

Der osmotische Druck einer Lösung ist ein Maß für die Summe der Stöße der im Wasser gelösten Teilchen gegen die Grenzflächen.

Osmometer	Apparatur zur Messung des osmotischen Drucks: Ein einseitig mit einer semipermeablen Membran verschlossenes Gefäß (Osmometerglocke) wird zum Beispiel mit einer Zuckerlösung gefüllt und dann in Wasser eingetaucht, die andere Öffnung durch einen Stopfen mit eingesetztem Steigrohr verschlossen. Infolge des Konzentrationsgefälles zwischen der Lösung innerhalb der Osmometerglocke und dem umgebenden Wasser wird osmotisch Wasser aufgenommen, sodass die Lösung im Steigrohr ansteigt. Der Anstieg dauert so lange, bis der sich aufbauende hydrostatische Druck (bedingt durch die Höhe der Wassersäule) das Eindringen weiterer Wassermoleküle verhindert. Die maximale Steighöhe der Lösung ist ein Maß für den osmotischen Druck der Lösung. Mittels eines Osmometers lassen sich so quantitative Druckbestimmungen durchführen.

Eine 1 M Rohrzuckerlösung weist bei 0 °C gegenüber Wasser einen osmotischen Druck von 22,69 bar (= $22{,}69 \cdot 10^2$ kPa) auf.
Da der osmotische Druck von der Zahl der pro Volumeneinheit gelösten Teilchen abhängt und nicht von der Teilchensorte, erzeugen äquimolare Lösungen verschiedener Stoffe denselben osmotischen Druck. Solche Lösungen nennt man isoosmotisch oder isotonisch.

osmotischer Wert	Vermögen einer wässrigen Lösung einen bestimmten osmotischen Druck auszuüben. Der osmotische Wert der Lösung wird in Mol/Liter angegeben und entspricht der Konzentration der Lösung.

5.3.2 Osmotische Zustandsgrößen

Mit zunehmender Wasseraufnahme in die Osmometerglocke sinkt der osmotische Druck, während der hydrostatische Druck zunimmt. Die Druckdifferenz zwischen dem osmotischen und dem hydrostatischen Druck vor Erreichen des Gleichgewichts kann, auf die Osmometerlösung bezogen, als Sog aufgefasst werden. Die Wassermoleküle werden von der konzentrierten Lösung gewissermaßen angesaugt und festgehalten.

In der folgenden Tabelle sind die ermittelten Werte der Zustandsgrößen für drei verschiedene Phasen eingetragen und in der Abbildung 6 (S. 64) grafisch dargestellt.

	relatives Volumen im Osmometer	osmotischer Wert in mol/l	osmotischer Druck (O) in atm	hydrostatischer Druck (H) in atm	osmotischer Sog S = O – H in atm
Anfangs-zustand	1	1	26,6	0	26,6
Zwischen-zustand	1,2	0,83	21,3	7,0	14,3
Endzustand	1,5	0,66	17,0	17,0	0

Tabelle 3: Osmotische Zustandsgrößen

Am Anfang ist der Sog gleich dem osmotischen Druck, da kein hydrostatischer (Über-)Druck vorhanden ist. In der Endphase geht der Sog gegen null, da beide Drücke gleich groß sind. Für den Endzustand gilt: Der osmotische Druck ist der als hydrostatischer Druck gemessene Überdruck einer Lösung.

osmotischer Druck – hydrostatischer Druck = osmotischer Sog
(O) (H) (S)

Mit O = H gilt S = 0.

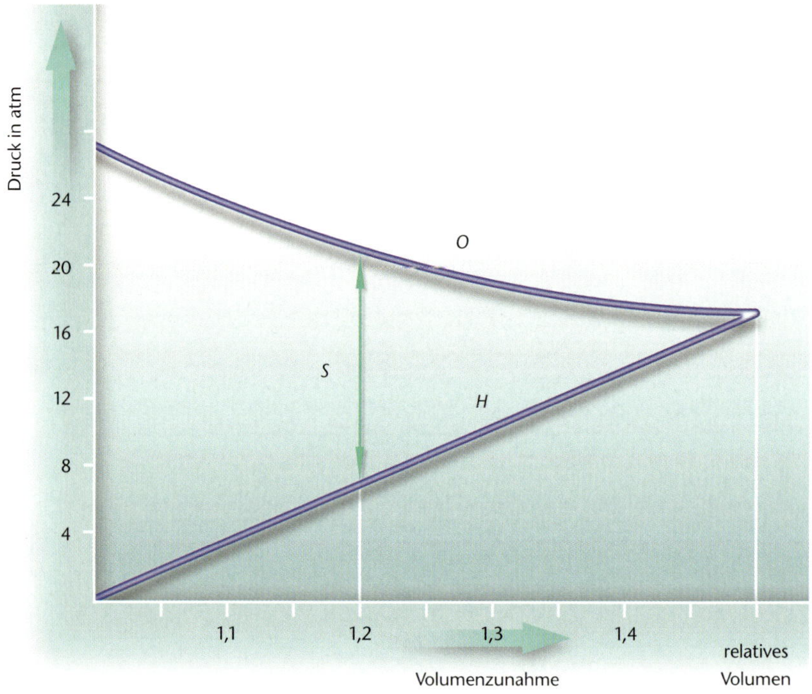

Abbildung 6: Grafische Darstellung der osmotischen Zustandsgrößen im Anfangs- (A), Zwischen- (Z) und Endstadium (E). O osmotischer Druck, H hydrostatischer Druck, S Sog = osmotischer Druck – hydrostatischer Druck (verändert nach: Schmeil, O.: Lehrbuch der Botanik; Quelle & Meyer, Heidelberg 1958).

5.4 Die Zelle als osmotisches System

5.4.1 Saugspannung der Zelle

Der der Zellwand anliegende Cytoplasmaschlauch, das Plasmalemma und der Tonoplast fungieren in ihrer Gesamtheit als eine semipermeable Membran, der zucker- und salzhaltige Vakuolensaft als Osmometerflüssigkeit. Wird eine Einzelzelle in Wasser gelegt, so saugt der Vakuolensaft so lange Wasser ein, bis der hydrostatische Gegendruck, bei Zellen als Wanddruck oder Turgordruck bezeichnet, gleich dem osmotischen Druck des Zellsaftes ist. Im Zustand der maximalen Dehnung der Zellhülle ist der Sog gleich null und die Zelle ist prall und voll turgeszent.

osmotischer Druck – Wanddruck (Turgordruck, Turgor) = Sog (Saugspannung der Zelle)
(O) (W) (S)

Bei Zellen nicht pflanzlicher Gewebe, die keine Zellwand besitzen, entspricht dem Wanddruck der Druck, den die umliegenden Zellen ausüben. Dieser Außendruck muss auch beim pflanzlichen Gewebeverband berücksichtigt werden:

$$S = O - (W + A)$$

Hier ist A der durch das umliegende Gewebe erzeugte Außendruck.

5.4.2 Bedeutung der Osmose für Zellen und Organismen

Wie die Diffusion spielt auch die Osmose im „Nahbereich" der Zelle für die Wasserversorgung eine entscheidende Rolle.

Zellmembran einschließlich Plasmaschlauch stellen keine idealen semipermeablen Membranen dar. Deshalb sind sie für kleinmolekulare Substanzen, z.B. für bestimmte Ionen, Harnstoff oder Glucose, durchlässig. Für Wasser allerdings besitzen sie eine noch höhere Permeabilität. Mit dem osmotisch bedingten Wasserstrom gelangen auf diese Weise eine Vielzahl von wasserlöslichen Stoffen in die Zelle. Zum Beispiel nehmen die höheren Pflanzen durch ihr Wurzelsystem mit dem Wasser die darin gelösten Ionen aus dem Erdreich auf.

Krautige, nicht verholzte Pflanzen erhalten ihre Festigkeit durch die osmotisch bedingte Turgeszenz der Zellen. Die Schließzellen der Spaltöffnungen bei Blättern arbeiten aufgrund von Turgeszenzschwankungen.

5.5 Plasmolyse und Deplasmolyse

5.5.1 Plasmolyse

Unter Plasmolyse versteht man das Ablösen des vom Plasmalemma umschlossenen Plasmas von der Zellwand und das Schrumpfen der Zellvakuole infolge Wasseraustritts. Die Plasmolyse lässt sich beobachten, wenn man Pflanzenzellen in eine Salz- oder Zuckerlösung legt, die gegenüber dem Zellsaft eine größere Konzentration aufweist. Die Zelle gibt dabei an das Außenmedium Wasser ab, wobei Tonoplast, Cytoplasma und Plasmalemma in der Gesamtheit die semipermeable Membran bilden. Die Zellwand ist für Wasser permeabel.

Konkavplasmolyse	Das Plasmalemma hat sich nicht überall von der Zellwand abgelöst, sodass Einbuchtungen zwischen Zellwand und den Bereichen des abgelösten Plasmalemmas zu beobachten sind.
Konvexplasmolyse	Das gesamte Plasmalemma hat sich von der Zellwand abgelöst und der Protoplast hat eine kugelige Gestalt angenommen.
Grenzplasmolyse	Das Plasmalemma hebt sich gerade etwas an einzelnen Stellen (meist in den Zellecken) von der Zellwand ab. Grenzplasmolyse tritt ein, wenn die Konzentration des Außenmediums diejenige der Vakuole nur wenig übersteigt.

5.5.2 Deplasmolyse

Die Deplasmolyse ist der bezüglich der Plasmolyse umgekehrte Vorgang: Plasmolysierte Zellen nehmen Wasser in die Vakuole auf, wobei das Plasmalemma wieder an die Zellwand gedrückt wird. Deplasmolyse tritt ein, wenn die Konzentration der Außenlösung geringer ist als diejenige der Vakuole.

5.6 Carriertransport

Im Gegensatz zu den bisher erwähnten Transportmechanismen stellt der Carriertransport einen Transport von Ionen oder Molekülen durch die Zellmembran mithilfe eines Trägers (Carriers) dar. Ein solcher Carrier ist ein membrangebundenes Molekül, das mit dem zu transportierenden

Teilchen einen Komplex bildet, wobei dieser das Teilchen an der anderen Membranseite entlässt. Beim **passiven Transport** wird eine Substanz S entlang eines Konzentrationsgefälles durch die Biomembran transportiert. Das Carriermolekül Cm bildet mit einem Molekül der Substanz S einen Komplex Cm–S. Hierbei ist die Bindung Cm–S zur Ausgangsseite der Membran gerichtet. Durch eine Konformationsänderung des als integrales, die Membran durchziehendes Membranprotein aufzufassenden Carriers (z.B. Ionenkanal) dreht sich die Cm–S-Bindung zur anderen Membranseite. S kann jetzt von Cm abdissoziieren. Der wieder frei gewordene Carrier Cm nimmt dann die ursprüngliche Konformation an und ist wieder zur Aufnahme eines Moleküls bereit. Der Carriertransport ist manchmal mit einem Energieverbrauch der Zelle verbunden. Die Energie wird aus der Spaltung von ATP bereitgestellt. Das entsprechende Ion oder Molekül kann somit gegen ein Potenzial- oder Konzentrationsgefälle transportiert werden (**aktiver Transport**).

5.7 Cytose

Als Cytose bezeichnet man den Stofftransport bei Zellen, der mit dem Auf- und Abbau von Zellmembranen verbunden ist. Somit sind Cytosevorgänge ein wichtiger Aspekt des gesamten Membranflusses der Zelle.

Endocytose	Stoffaufnahme in das Zellinnere durch Abschnürung einer Endocytosevakuole aus der äußeren Zellmembran (Plasmalemma). Zuvor wird der aufzunehmende Stoff von einem Teil des Plasmalemmas, der sich eingestülpt hat, bläschenartig umschlossen. Nach dem aufzunehmenden Stoff unterscheidet man Pino- und Phagocytose.
Phagocytose	Aufnahme von festen Nahrungspartikeln; dabei Bildung von Nahrungsvakuolen.
Pinocytose	Aufnahme von Flüssigkeit mit darin gelösten Stoffen; unter Ausbildung feinster Kanälchen werden anschließend im Zellinneren kleine Vakuolen abgeschnürt, dann verschmelzen diese mit Sekretvakuolen (Lysosomen), die in der Zelle gebildet wurden und die Verdauungsenzyme enthalten.

Außer bei Einzellern spielen Endocytosevorgänge auch im vielzelligen Organismus eine bedeutende Rolle, z. B. bei der Resorption der Verdauungsprodukte durch die Epithelzellen des Darms und bei der Vernichtung von Krankheitserregern durch bestimmte Lymphocyten.

Exocytose — Ausscheidung von Stoffen durch Verschmelzung der Vakuolenmembran mit dem Plasmalemma, z. B. bei Speicheldrüsen und Hormondrüsen bzw. bei der Abgabe von Abfallstoffen aus der intrazellulären Verdauung. Hierzu wandern Golgi-Vesikel zur Zelloberfläche, verschmelzen mit dem Plasmalemma und entleeren sich so nach außen.

5.8 Aufgabenbeispiele

Aufgabe 1

Beschriften Sie die nachfolgende schematische Abbildung zum Modell der Biomembran!

Aufgabe 2

Die physiologische Bedeutung der Diffusion liegt vorwiegend im Größenbereich einer Zelle oder weniger hintereinander liegender Zellen.
Wie lässt sich diese Erscheinung erklären?

Aufgabe 3

Die gesamte innere Lungenoberfläche, die durch die Lungenbläschen gebildet wird, wurde für den Menschen auf 80–100 m^2 berechnet und beträgt somit ein Vielfaches der Körperoberfläche.
Welchen Sinn hat wohl der hohe Wert für die innere Oberfläche der Lunge?

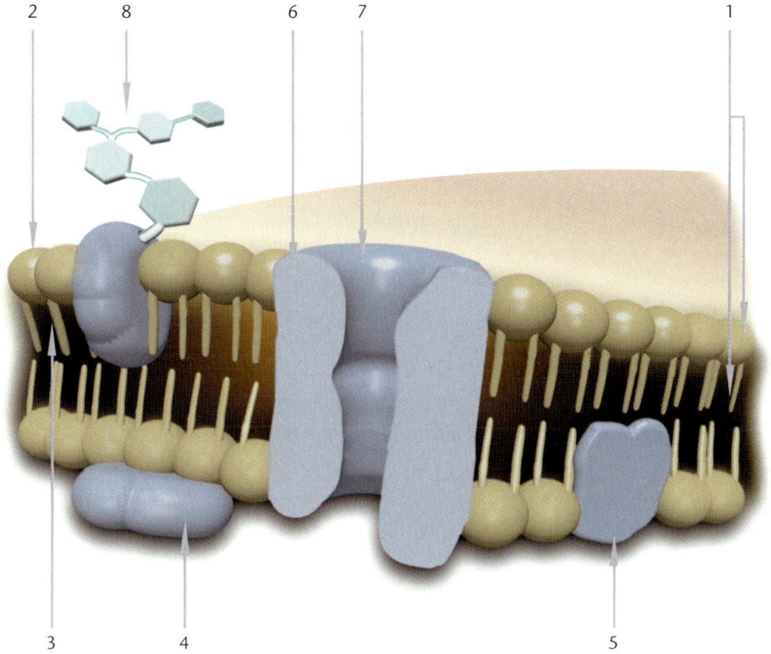

Aufgabe 4

Der Transport von Sauerstoff erfolgt aus der Atemluft über das Blut zu den Körperorganen, die ihn aufnehmen. Der Weg des Kohlenstoffdioxids verläuft in entgegengesetzter Richtung.
Erklären Sie die Wanderungsrichtung der Atemgase anhand der für die Diffusion geltenden Gesetzmäßigkeiten!

Aufgabe 5

Zellvakuolen lassen sich mit dem Farbstoff Neutralrot anfärben. Beobachtet man den Vorgang der Anfärbung eine Zeit lang im Mikroskop, so bemerkt man, dass die Vakuole intensiver rot wird als die entsprechende Farblösung im Außenmedium.
Erklären Sie diese Erscheinung!

Aufgabe 6

Bei Behandlung von neutralrot gefärbten Zwiebelzellen mit stark verdünnter Ammoniaklösung kann man unter dem Mikroskop beobachten, wie die ursprünglich intensiv rot gefärbte Vakuole verblasst.
Erklären Sie dieses Phänomen!

Aufgabe 7

Welche der beiden wässrigen Lösungen übt einen höheren osmotischen Druck aus, eine 1 M Glucoselösung oder 1 M Kochsalzlösung?

Aufgabe 8

Die Entleerungsfrequenz der kontraktilen Vakuolen beim Pantoffeltierchen sinkt mit steigender Salzkonzentration des umgebenden Wassers. Bei Meereseinzellern fehlen die kontraktilen Vakuolen bzw. sind doch zumindest funktionell stark reduziert.
Wie erklärt sich die Abhängigkeit der Entleerungsfrequenz von der Salzkonzentration des Wassers?

Aufgabe 9

Bringt man Erythrocyten nicht in isotonische, sondern a) in eine hypertonische oder b) in eine hypotonische Lösung jeweils ausreichender Konzentration, so lässt sich bei a) eine Schrumpfung, bei b) eine Volumenzunahme der roten Blutzellen beobachten. Bei entsprechender geringer Konzentration der Lösung können die Zellen sogar platzen.
Was sind die Ursachen dieser Erscheinungen?

Aufgabe 10

Erklären Sie das Aufplatzen reifer Früchte an Bäumen (z. B. Kirschen) nach ausgiebigen Regenfällen!

Aufgabe 11

Wie ändern sich die osmotischen Zustandsgrößen einer Zelle, wenn die Plasmolyse bis zur Konvexplasmolyse durchgeführt wird?

Aufgabe 12

Eine Pflanzenzelle soll sich im Zustand a) der Plasmolyse bzw. b) der Deplasmolyse befinden (siehe Abbildung unten).
Ordnen Sie für die beiden Fälle den Bereichen 1, 2 und 3 die Begriffe „hypertonisch“ bzw. „hypotonisch“ zu!

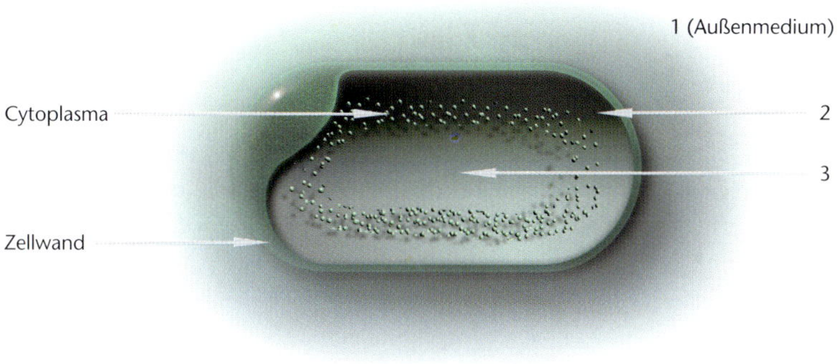

Aufgabe 13

Von lebenden Zellen des Zwiebelhäutchens soll mithilfe der Grenzplasmolyse der osmotische Wert des Zellsaftes bestimmt werden.
Erläutern Sie die Vorgehensweise!

Aufgabe 14

Vergleichen Sie Phagocytose und Pinocytose bei einer Amöbe!
Welche Unterschiede lassen sich im Lichtmikroskop beobachten?

Aufgabe 15

Beobachtet man Amöben, die 3 bis 5 Tage gehungert haben, bei der Pinocytose, so kann man feststellen, dass sie im Verlauf von 15 bis 20 Minuten deutlich kleiner geworden sind.
Erklären Sie dieses Phänomen!

Aufgabe 16

Kennzeichnen Sie bei der Abbildung die Vorgänge im Zellstoffwechsel einschließlich der daran beteiligten Zellstrukturen mithilfe der Zahlen 1 bis 6!

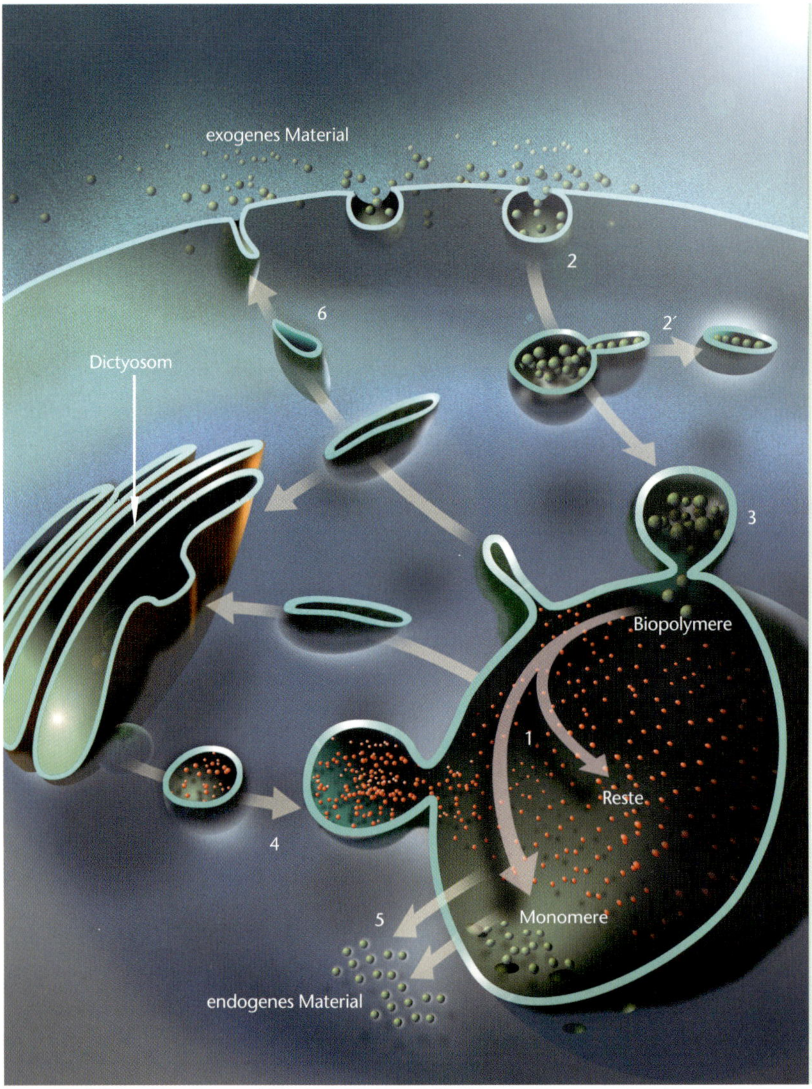

5.9 Lösungsvorschläge

Aufgabe 1

1 = polares Lipid;
2 = polare hydrophile Gruppe des Lipids;
3 = nicht polare hydrophobe Kohlenwasserstoffketten;
4 = assoziiertes oder peripheres Protein; }
5 = integrales Protein; } globuläre Proteine
6 = Porenprotein; }
7 = Pore;
8 = Kohlenhydrate.

Aufgabe 2

Die Diffusionsgeschwindigkeit ist dem Diffusionsweg umgekehrt proportional. Das bedeutet, dass bei kleinem Diffusionsweg die Diffusionsgeschwindigkeit groß ist, bei größer werdenden Distanzen jedoch immer kleiner wird.

Aufgabe 3

Laut Diffusionsgesetz ist die Diffusionsgeschwindigkeit der Austauschfläche, an der die Diffusion stattfindet, direkt proportional. Das bedeutet, je größer die Austauschfläche in der Lunge ist, desto schneller können die Atemgase diffundieren.

Aufgabe 4

Die Diffusion ist abhängig vom Unterschied der Gaskonzentrationen in den benachbarten Räumen.

Gasaustausch in der Lunge

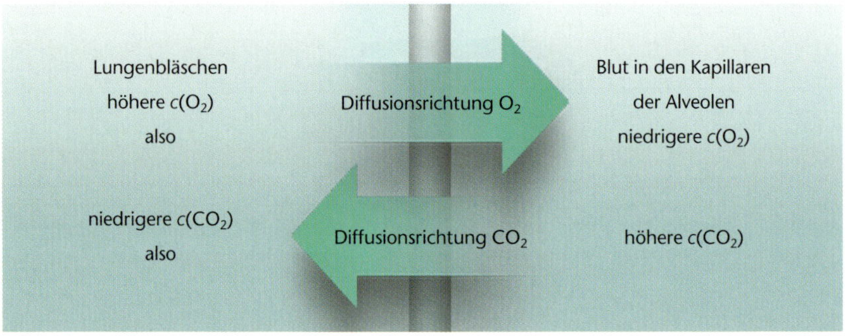

Gasaustausch in den Zellen der Körperorgane

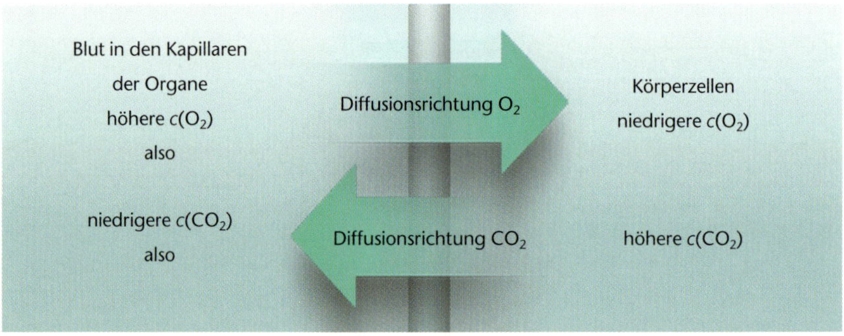

Aufgabe 5

Die relativ großen Neutralrotmoleküle können wegen ihres unpolaren Baus die Zellmembran passieren und infolge der Diffusion in die Vakuole gelangen. Im sauren Milieu des Zellsafts nehmen sie Protonen nach folgender Reaktionsgleichung auf:

$$\text{Neutralrot} + H^+ \rightarrow \text{Neutralrot} - H^+.$$

Für die nicht mehr als unpolare, sondern als polare Kationen vorliegenden Moleküle bedeutet die Zellmembran ein unüberwindliches Hindernis. Wegen des Konzentrationsunterschieds an ungeladenen Neutralrotmolekülen zwischen Außenmedium und Vakuole diffundieren permanent weitere Moleküle nach. Da zunächst alle in die Vakuole eintretenden Moleküle in Ionen umgewandelt werden, erfolgt der Konzentrationsausgleich bezüglich der Neutralrotmoleküle erst zu einem Zeitpunkt, an dem die Vakuole schon stärker angefärbt ist als das Außenmedium.

Aufgabe 6

Durch Diffusion gelangen die unpolaren NH_3-Moleküle in die Zellvakuole. In der Vakuolenflüssigkeit entstehen nach folgendem Vorgang Ammoniumionen:

$$NH_3 + \text{Neutralrot} - H^+ \rightarrow NH_4^+ + \text{Neutralrot}$$

Da die entstehenden Neutralrotmoleküle unpolar sind, können sie die Zelle durch Diffusion bis zum Konzentrationsausgleich verlassen.

Aufgabe 7

Die 1 M Kochsalzlösung hat einen höheren osmotischen Druck, da Salze in Wasser in ihre Ionen dissoziieren und diese sich osmotisch wie einzelne Moleküle verhalten.

Aufgabe 8

Je höher die Salzkonzentration im umgebenden Medium ist, umso weniger Wasser dringt auf osmotischem Weg in den Einzeller ein, d. h., die kontraktile Vakuole braucht nicht so viel Wasser auf aktivem Weg aus der Zelle hinauszuschaffen. Die Salzkonzentration im Meerwasser ist so hoch, dass eine osmotische Wasseraufnahme ausgeschlossen ist.

Aufgabe 9

In hypertonischer Lösung verlieren die Zellen durch Osmose Wasser, im umgekehrten Fall nehmen Zellen in hypotonischer Lösung auf osmotischem Weg Wasser auf. Da keine stabile Zellwand vorhanden ist (im Unterschied zur Pflanzenzelle), schrumpfen bzw. vergrößern sich die Zellen. Im Extremfall kann die Zellmembran überdehnt werden und die Zelle kann platzen.

Aufgabe 10

Durch ihren hohen Zuckergehalt nehmen die Fruchtzellen auf osmotischem Weg so viel Wasser auf, dass sogar die verdickten Zellwände dem Turgor nicht mehr standhalten können. Die Zellen platzen.

Aufgabe 11

Vor Beginn der Plasmolyse ist der osmotische Druck gleich dem hydrostatischen Druck in der Zelle und die Saugspannung gleich null. Mit Einsetzen des Plasmolysevorganges verliert die Vakuole Wasser und die Konzentration der gelösten Stoffe nimmt zu. Das bedeutet wiederum, dass der hydrostatische Druck sinkt, der osmotische Druck ansteigt und mit ihm der Sog. Im Endzustand, z. B. der Konvexplasmolyse, hat der Sog seinen höchstmöglichen Wert erreicht und verhindert einen weiteren Wasseraustritt.

Aufgabe 12

Für Fall a) Plasmolyse:	1 – hypertonisch; 2 – hypertonisch; 3 – hypotonisch.
Für Fall b) Deplasmolyse:	1 – hypotonisch; 2 – hypotonisch; 3 – hypertonisch.

Aufgabe 13

1) Herstellung von Testlösungen durch stufenweise Verdünnung einer 1 - M - Glucose- oder Kaliumnitratlösung:
   Verdünnungsreihe:
   1,0 0,9 0,8 0,7 0,6 0,5 0,4 0,3 0,25 0,2 0,15 0,1 0,05 mol/l
2) Mikroskopische Präparate von Zwiebelhäutchen werden etwa 1 Stunde in die Testlösungen gelegt und danach unter dem Mikroskop untersucht.
3) Ermittlung derjenigen Testlösung, in der 50% der Zellen eines Präparats Grenzplasmolyse zeigen. Die Konzentration dieser Testlösung entspricht dem osmotischen Wert des Zellsaftes der Zwiebelhäutchenzellen.

Aufgabe 14

Phagocytose:
Umfließen eines Nahrungspartikels mithilfe eines Scheinfüßchens (Pseudopodium). Die Beute wird glockenförmig umschlossen. Die auf diese Weise entstandene Einstülpung der Zellmembran schnürt sich ab und führt zur Ausbildung einer Nahrungsvakuole im Inneren der Zelle.

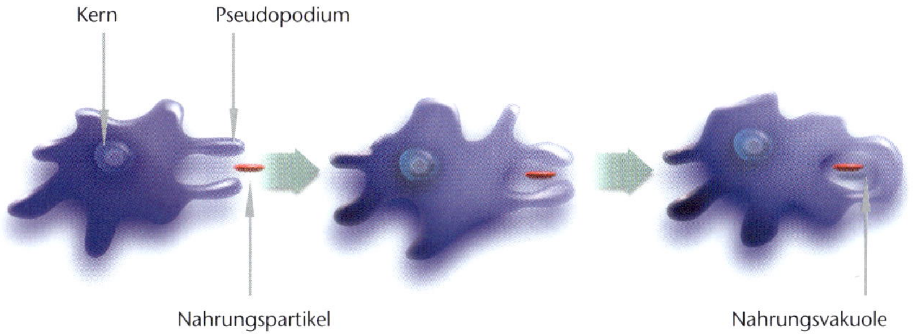

Pinocytose:
Ausbildung eines typischen kurzen Pseudopodiums an der Stelle, wo Flüssigkeit aufgenommen werden soll. Innerhalb des Pseudopodiums entsteht ein Kanälchen,

durch das die Flüssigkeit „getrunken" wird. Im Inneren der Zelle lösen sich vom Kanälchen kleine, die Flüssigkeit enthaltende Vakuolen ab.

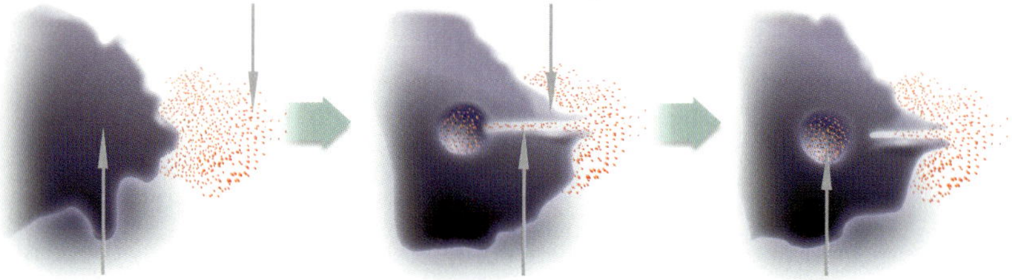

Aufgabe 15

Ursache dieser Erscheinung ist der Membranfluss während des Endocytosevorgangs. Der Verbrauch der Oberflächenmembran zur Bildung der Vakuolen ist so beträchtlich, dass die Zelle kleiner wird und die Pinocytose deshalb nach einiger Zeit zum Stillstand kommt.

Aufgabe 16

1 = Abbau von Polymeren zu Monomeren (Verdauung) in einem Lysosom;
2 = Abschnürung von Endocytosebläschen von der Zellmembran;
2'= Absonderung von Abfallstoffen im Endosom;
3 = Fusion von Endosom (mit darin enthaltenen Verdauungssubstraten) und Lysosom;
4 = selektiver Enzymtransport durch Golgi-Vesikel vom Dictyosom zum Lysosom;
5 = Entleerung des Lysosoms: Abgabe der Abbauprodukte (Monomere);
6 = Rückführung von lysosomalem Membranmaterial zur Zellmembran, direkt oder über den Golgi-Apparat (Membranrecycling).

Vermehrung von Zellen

6.1 Mitotische Zellteilung

Beim Einzeller und beim vielzelligen Organismus werden Zellen neu gebildet, indem sich die bereits vorhandene Zelle teilt (Zellteilung) und die beiden Tochterzellen zur Größe der Ausgangszelle heranwachsen.

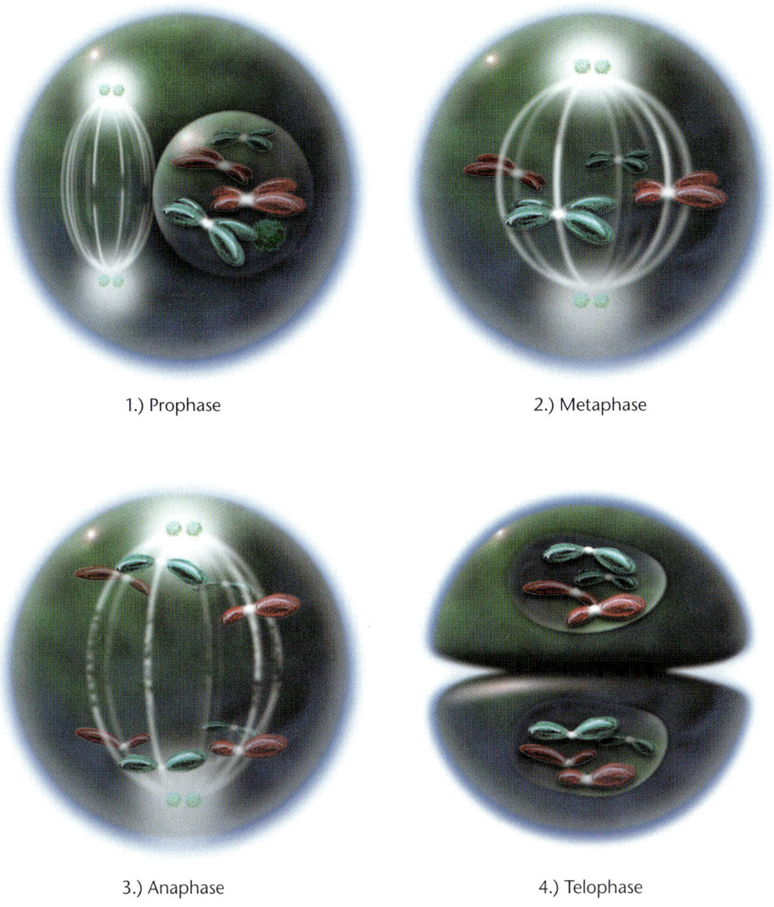

Abbildung 7: Mitotische Zellteilung (schematisch vereinfachte Darstellung)

Der Teilung der Eucyte geht die Kernteilung voraus (Mitose), die einen charakteristischen Verlauf zeigt und in 4 Phasen gegliedert werden kann:

Prophase	Sichtbarwerden der Chromosomen im Lichtmikroskop. Aus der im Mikroskop nicht sichtbaren dünnen, fadenartigen Struktur des Chromosoms (Chromatin) bildet sich durch Spiralisierung des Fadens die so genannte Transportform. Ein Chromosom lässt zwei Längshälften (Chromatiden) erkennen, die an einer Stelle, dem Zentromer, zusammengehalten werden. Die Kernmembran löst sich auf.
	Bei Tierzellen teilt sich das Centriol und die beiden Tochtercentriolen wandern an die entgegengesetzten Pole der Zelle. Die Kernteilungsspindel (Spindelapparat) wird ausgebildet.
Metaphase	Die Chromosomen ordnen sich in der Äquatorialebene der Zelle an und bilden die Äquatorialplatte.
Anaphase	Auseinanderrücken der Chromatiden jedes Chromosoms und Wanderung je eines der beiden Schwesterchromatiden an die entgegengesetzten Pole der Zelle. Dies wird ermöglicht durch spezielle Zugfasern des Spindelapparates, die sich an jedes Centromer eines Chromatids angeheftet haben.
Telophase	Entspiralisierung der Chromatiden, Herausbildung des Chromatingerüsts und der Kernmembran, Abbau der Kernteilungsspindel.
	Durchschnürung des Zellkörpers. Auf diese Weise entstehen zwei Tochterzellen mit je einem Zellkern.
	In der anschließenden Interphase (Phase zwischen zwei Mitosen) werden die Chromatiden zu vollständigen Chromosomen ergänzt.

6.2 Aufgabenbeispiele

Aufgabe 1

Worin liegt der biologische Sinn der Mitose bei der Zellteilung?

Aufgabe 2

Eine Körperzelle des Menschen besitzt einen doppelten (diploiden) Chromosomensatz (2n). Der einfache (haploide) Satz besteht aus 23 Chromosomen (n).
Wie viel Chromosomen liegen in einer Tochterzelle nach einer Mitose vor?

Aufgabe 3

Beschreiben Sie Anzahl und Art der Chromosomen in der Körperzelle des Menschen!

Aufgabe 4

In der folgenden Abbildung ist der haploide Chromosomensatz einer Zelle in schematischer Form wiedergegeben (der Spindelapparat wurde aus Gründen der besseren Übersichtlichkeit weggelassen).

a Zeichnen Sie die Chromosomenanordnung für die Pro-, Meta- und Anaphase in entsprechender Weise!

b Wie sieht das Bild in der auf die Interphase folgenden nächsten Prophase aus?

Aufgabe 5

a Welches Mitosestadium liegt bei der im folgenden Bild dargestellten Zelle vor?

b Zeichnen Sie den zu Grunde liegenden haploiden Chromosomensatz! Begründen Sie Ihre Antworten!

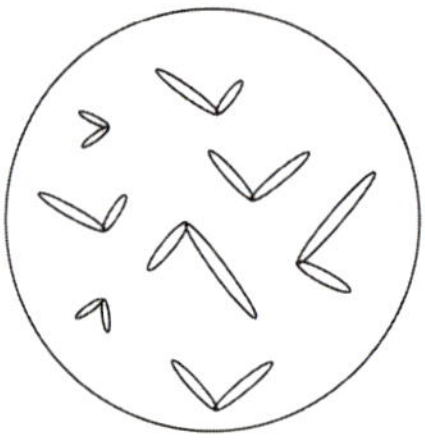

6. 3 Lösungsvorschläge

Aufgabe 1

Am Ende einer Mitose sind zwei Tochterzellen mit je einem Zellkern entstanden, wobei sich die Anzahl der Chromosomen pro Zelle im Vergleich zur Ausgangszelle nicht geändert hat. Der biologische Sinn der Mitose liegt also in der gleichmäßigen Verteilung des Erbgutes der Mutterzelle auf die Tochterzellen, und zwar in dem Sinn, dass jede Zelle die gleichen Chromosomen mitbekommt.

Aufgabe 2

In den Tochterzellen liegen 46 Chromosomen vor, da in ihnen nach der Mitose ebenfalls ein diploider Chromosomensatz vorhanden sein muss.

Aufgabe 3

In den Körperzellen liegen die Chromosomen immer paarweise vor. Die Chromosomen eines Paares werden als homologe Chromosomen bezeichnet. Die homologen Chromosomen gleichen sich in Form und Größe mit Ausnahme der Geschlechtschromosomen (=Heterosomen) im männlichen Geschlecht: Eines der beiden Chromosomen ist kleiner als das andere und wird als Y-Chromosom bezeichnet. Das andere Heterosom heißt X-Chromosom. Das weibliche Geschlecht besitzt 2 X-Chromosomen pro Körperzelle. Die Chromosomen, die nicht Heterosomen sind, nennt man Autosomen.

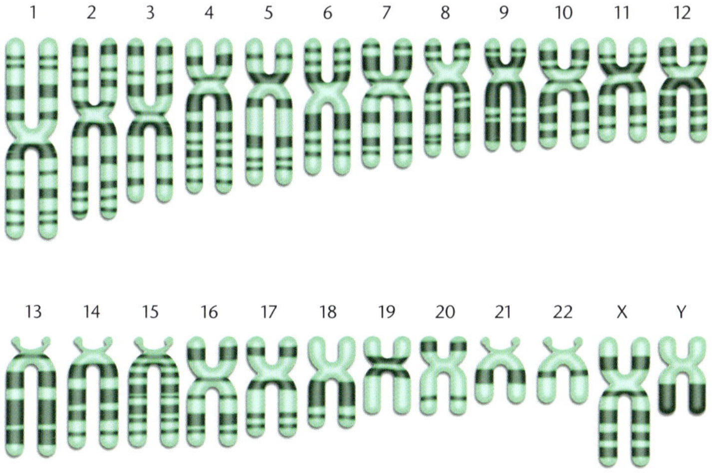

Abbildung 8: Chromosomensatz des Menschen (haploider Autosomensatz und zwei Geschlechtschromosomen) (aus: Gerhard Thews/Ernst Mutschler/Peter Vaupel, Anatomie, Physiologie, Pathophysiologie des Menschen; 4. Auflage 1991, Wissenschaftliche Gesellschaft mbH, Stuttgart)

Für Anzahl und Art der Chromosomen in einer menschlichen Körperzelle ergibt sich also:
23 Paar homologe Chromosomen (2 haploide Sätze = 1 diploider Satz), davon 22 Paar Autosomen und 1 Paar Heterosomen.

männliche Körperzelle	weibliche Körperzelle
2 · 22 A X Y	2 · 22 A X X

Aufgabe 4

a

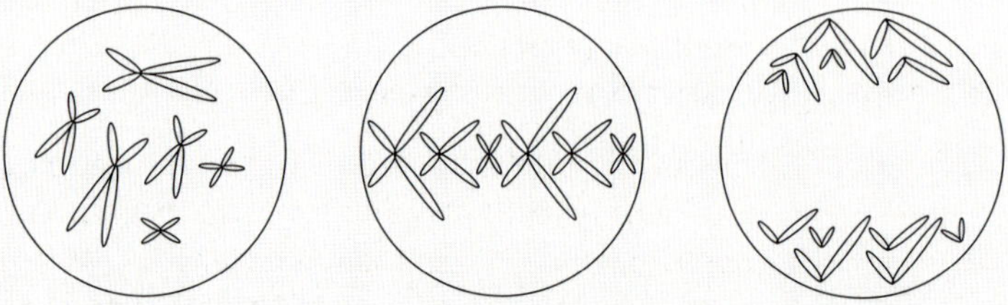

Prophase Metaphase Anaphase

b nächste Prophase:

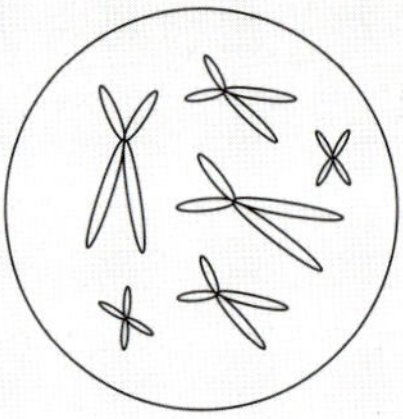

Aufgabe 5

a Die Darstellung zeigt auf Seite 82 das Mitosestadium der Telophase.

Es ist jeweils 1 Chromatid von 8 Chromosomen (= 4 Paar homologe Chromosomen) zu sehen, d. h., die Chromosomen müssen sich kurz vorher der Länge nach geteilt haben.

Die Mutterzelle hat sich bereits durchgeschnürt, sodass die Tochterzelle – von zwei Tochterzellen ist nur eine dargestellt – eine vollständige Zellmembran besitzt.

b Jedes Chromatid muss zu einem vollständigen Chromosom ergänzt werden, allerdings darf im haploiden Chromosomensatz nur jeweils eines der beiden homologen Chromosomen vorkommen:

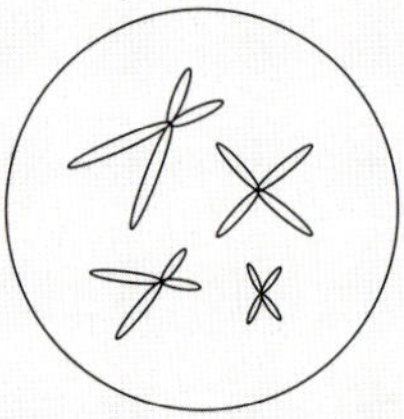

Kapitel 7

Die Zelle als Bau- und Funktionseinheit des Organismus

7.1 Übergang vom einzelligen zum vielzelligen Organismus

einzelliger Organismus (Einzeller)

Die einzelne Zelle ist Träger aller Lebensfunktionen und dadurch für sich allein lebensfähig. Die Funktionen umfassen Stoffwechsel (Nahrungsaufnahme, Verdauung, Ausscheidung), Energieumsatz, Wachstum, Vermehrung, Bewegung und Reizbarkeit. Dafür stehen in der Zelle die Organellen zur Verfügung, die sich auf bestimmte Leistungen „spezialisieren" (Arbeitsteilung innerhalb der Zelle).

funktionsspezifische Zelldifferenzierung

Besondere Ausbildung bestimmter Strukturen einer Zelle, sodass die Zelle als Bestandteil eines Zellverbandes spezielle Aufgaben übernehmen kann: Arbeitsspezialisierung (Arbeitsteilung zwischen verschiedenen Zellen). Ohne eine solche Zelldifferenzierung und Arbeitsspezialisierung bestimmter Zellen wären die übrigen Zellen und somit der gesamte Zellverband nicht überlebensfähig (siehe Tabelle Seite 87 ff.).

Beispiele für erste Anfänge einer funktionsspezifischen Zelldifferenzierung sind die Grünalgenkolonie Volvox und der Tierstamm der Schwämme.

lockerer Zellverband

Zusammenschluss von mehr oder weniger selbstständigen Zellen (mit oder ohne funktionsspezifische Differenzierung). Beispiele aus dem Pflanzenreich: Zellkolonien von Gonium (plattenförmig, 16 Zellen in Gallerthülle), Eudorina (kugelförmig, 32 Zellen in Gallerthülle). Alle Zellen sind gleichartig und bilden nur eine räumliche Verbundenheit: Jede Zelle kann z. B. eine neue Kolonie bilden.

Beispiel aus dem Tierreich sind die Schwämme: In den beiden Zellschichten („Lager") eines Schwammes sind die einzelnen Zellen noch ziemlich selbst-

	ständig. Das zeigt sich z. B. darin, dass sich Kragengeißelzellen (Choanocyten) des Gastrallagers nur an der Basis berühren, oder die Zellen eines Schwammes können unter bestimmten Bedingungen voneinander getrennt werden, wobei sie sich nach einiger Zeit wieder zum ursprünglichen Schwamm zusammenfinden.
Gewebe	Zellverband, der aus Zellen gleicher Gestalt und Leistung besteht. Man unterscheidet vier große Gewebegruppen: Deckgewebe (Epithelgewebe), Binde- und Stützgewebe, Muskelgewebe und Nervengewebe. Eine Sonderform bilden die freien Zellen in der Körperflüssigkeit.
Organ	Zusammenschluss mehrerer unterschiedlicher Gewebe zu einem deutlich abgegrenzten Teil eines Körpers, das eine bestimmte Aufgabe erfüllt.
vielzelliger Organismus	Zusammenschluss von Organen zu einer komplexeren Funktionseinheit.

7.2 Zelltheorie

Die Erkenntnisse der Zellbiologie und die Untersuchungen vom Aufbau der Organismen werden von der Zelltheorie in grundlegenden Aussagen zusammengefasst:

- Alle Lebewesen sind aus Zellen aufgebaut (M. Schleiden und T. Schwann).
- Neue Zellen gehen nur durch Teilung aus bereits existierenden Zellen hervor (jede Zelle stammt von einer früheren Zelle ab, R. Virchow).
- Zellen bilden die kleinsten selbstständig lebensfähigen Einheiten.
- Zellen spezialisieren sich im Laufe ihrer Entwicklung für unterschiedliche Funktionen; sie weichen deshalb in ihren Formen und Inhaltsstoffen voneinander ab (Zelldifferenzierung).

Tabelle 4: Beispiele für funktionsspezifische Differenzierung und Arbeitsspezialisierung bei Zellen

Zelltyp	Zelldifferenzierung	Arbeitsspezialisierung
Epithelzellen:	Zellen liegen eng beieinander und bilden eine geschlossene Fläche; eine Basallamina grenzt das Epithel gegen das darunter liegende Bindegewebe ab.	Abgrenzung von inneren Körperorganen.
– aus einschichtigem Plattenepithel 	– Zellen flach, untereinander verzahnt.	z. B. in inneren Wänden von Blut- und Lymphgefäßen, Häuten der Brust- und Bauchhöhle.
– aus einschichtigem Zylinderepithel 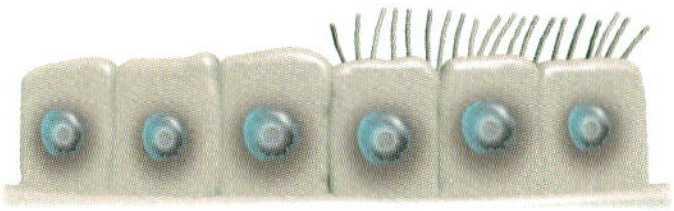 ohne Kinocilien und mit Kinocilien	– Zellen lang gestreckt, Wimperzellen mit Kinocilien.	Auskleidung von Organstellen mit sekretorischer und resorptiver Tätigkeit, z. B. Magen-Darm-Kanal (ohne Kinocilien), Gallenblase, Eileiter (mit Kinocilien). Synchrones Schlagen der Kinocilien bewirkt Transport von Sekreten.
– aus mehrreihigem Zylinderepithel mit Kinocilien 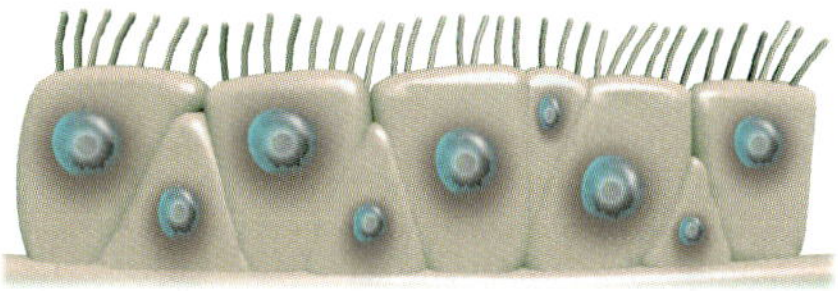		z. B. in den Luftwegen beim Menschen.

– einzellige Drüse (Becherzelle): 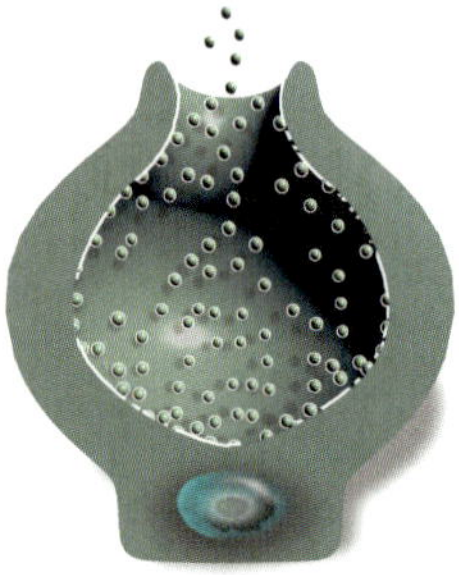	Zelle becherförmig, lumenständige Zellmembran zerreißt und wird zum Extrazellularraum abgestoßen; reichhaltiges ER, stark entwickelter Golgi-Apparat.	Besondere Befähigung zur Exocytose, zur Sekretion von Schleim; z. B im Dünndarmepithel, Gallenblasenepithel, Epithel der Luftwege.
glatte Muskelzelle: 	spindelförmige, lang gestreckte Zelle, enthält Myofibrillen, viele Mitochondrien.	Befähigung zur Kontraktion, Bewegung der Eingeweideorgane.
Nervenzelle: 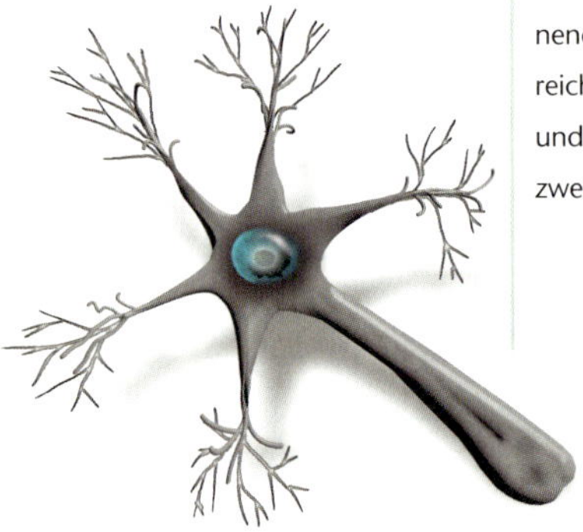	besitzt als besondere im Lichtmikroskop zu erkennende Einrichtungen kurze, reich verzweigte Fortsätze und 1 bis 2 lange unverzweigte Fortsätze.	Weiträumiger Kontakt zu einer Vielzahl anderer Nervenzellen zum Zwecke der Aufnahme und Weitergabe von Erregungen.

Bindegewebszelle (Fibrocyte): 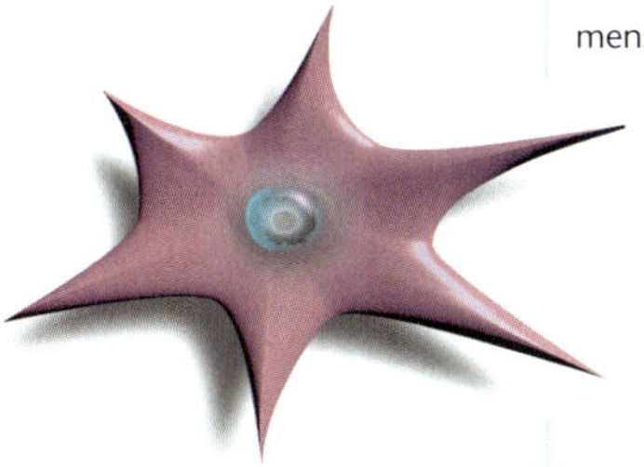	Zelle besitzt dünne Zellausläufer, die mit anderen Bindegewebszellen ein dreidimensionales Netz bilden.	Stütz- und Gerüstfunktion in Körperorganen.
Siebzelle (Siebröhre): 	lang gestreckte Zelle, Querwände siebartig durchbrochen mit durchgehenden Plasmasträngen, Geleitzelle mit Zellkern.	Stoffleitung bei Pflanzen.
Speicherzelle (aus dem Speichergewebe der Kartoffel): 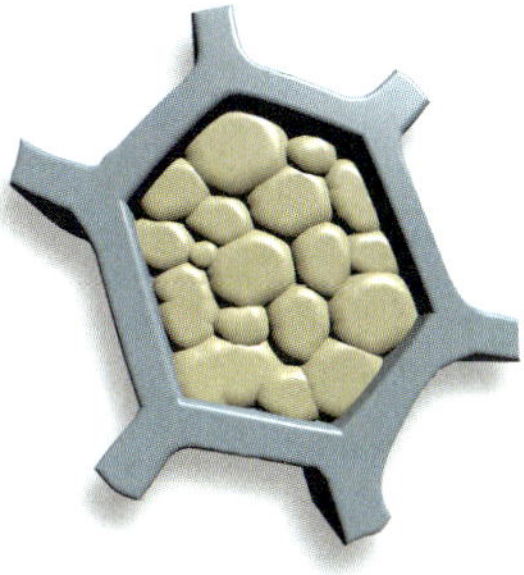	regelmäßig gebaute Zellen, gefüllt mit Stärkekörnern.	Speicherung von Stärke als Reservestoff.

7. 3 Aufgabenbeispiele

Aufgabe 1

Legen Sie dar, inwiefern bei Volvox (Grünalgenkolonie mit bis zu 20 000 Einzelzellen in einer Gallerthohlkugel) bereits eine funktionsspezifische Differenzierung von Zellen mit entsprechender Arbeitsspezialisierung vorliegt!

Aufgabe 2

Erläutern Sie für die folgenden Beispiele von Tier- und Pflanzenzellen die funktionsspezifische Zelldifferenzierung (siehe linke Tabellenspalte auf der nächsten Seite)!

Aufgabe 3

Erläutern Sie den Begriff „Organ" am Beispiel der menschlichen Haut!

7.4 Lösungsvorschläge

Aufgabe 1

Funktionsspezifische Zelldifferenzierung	Arbeitsspezialisierung
Die in Bewegungsrichtung der Kolonie vorne gelegenen Zellen weisen einen größeren Augenfleck (Stigma) auf als die des hinteren Abschnittes, außerdem sind sie lichtempfindlicher als die übrigen.	Besondere Bedeutung dieser Zellen für die Orientierung der Kolonie aufgrund von Lichtreizen (Fototaxis).
Am Hinterende der Kolonie liegen wenige besonders große Zellen.	Ungeschlechtliche Fortpflanzung durch Teilung, Bildung von Tochterkolonien in der Mutterkugel.

Die Fortbewegung der Volvoxkolonie geschieht durch gemeinsamen, koordinierten Schlag der beiden nach außen gekehrten Geißeln aller Zellen.
Ebenso ist auch für die Ernährung keine funktionsspezifische Differenzierung bestimmter Zellen zu beobachten: Jede Einzelzelle steht mit den benachbarten Zel-

len durch feine Plasmabrücken in Verbindung, durch die der Stoffaustausch untereinander geschieht, wobei auch jede einzelne Zelle in der Lage ist, Stoffe aus der Umgebung aufzunehmen oder Stoffe auszuscheiden.

Aufgabe 2

Zelltyp	Funktionsspezifische Zelldifferenzierung
Drüsenzelle	Besondere Art der Deckgewebszelle mit reichhaltigem endoplasmatischen Reticulum und Golgi-Apparat und besonderer Befähigung zur Exocytose.
Muskelzelle	Lang gestreckt; besitzt Myofibrillen, besonders reichhaltig an Mitochondrien.
Nervenzelle	Besitzt eine Vielzahl von Fortsätzen und besondere Einrichtungen zum Aufbau elektrischer Potenziale und deren Weiterleitung.
Siebzelle (aus dem Leitungsgewebe von Pflanzen)	Lang gestreckt; siebartig durchbrochene Querwände; die weitlumige Zelle besitzt wenig Plasma; plasmareiche Geleitzelle zur Ernährung.
Assimilationszelle (aus dem Palisadengewebe eines Blattes)	Lang gestreckt; reich an Chloroplasten.
Speicherzelle (aus pflanzlichem Speicherorgan, z. B. Knolle)	Relativ groß, dicht gefüllt mit Stärkekörnern.
Steinzelle (Sklereide, z. B. im Fruchtfleisch der Birne)	Isodiametrisch und polyedrisch; Zellwände allseitig stark verdickt und verholzt; führen runde röhrenförmige unverzweigte oder verzweigte Tüpfel.

Aufgabe 3

Ein Organ ist ein Zusammenschluss mehrerer unterschiedlicher Gewebe zu einem deutlich abgegrenzten Teil des Körpers und erfüllt bestimmte Aufgaben.

Die Aufgaben der Haut sind vielfältig: Die Haut dient dem Schutz der darunter liegenden Organe und auch der Atmung, sie ist außerdem Ausscheidungsorgan, Temperaturregelungsorgan und Sinnesorgan.

Entsprechend zahlreich und vielfältig sind die in der Haut vorkommenden Gewebe:

Die Oberhaut (Epidermis) ist ein vielschichtiges Epithel aus Keimschicht und Hornschicht.

Die darunter liegende Lederhaut (Corium) besteht aus Bindegewebe, dessen Zellen elastische Fasern ausscheiden.

Die unterste Schicht ist das Unterhautbindegewebe (Unterhautfettgewebe) mit mehr oder weniger ausgeprägtem Anteil an Fettzellen.

In die Haut eingelagert sind außerdem Sinnesorgane für Druck-, Tast- und Temperaturempfindungen, Schweiß- und Talgdrüsen sowie Muskeln und Bildungsgewebe für Haare.

Ferner wird die Haut von einem Netz von Blutkapillaren und Nervenfasern durchzogen.

Kapitel 8

Erläuterungen zur Abiturprüfung

8.1 Anforderungen in der schriftlichen Abiturprüfung

8.1.1 Anforderungsbereiche

In der bereits eingangs erwähnten Vereinbarung der Kultusminister über „Einheitliche Prüfungsanforderungen in der Abiturprüfung" werden drei so genannte Anforderungsbereiche formuliert, die eine gemeinsame Grundlage für die Erstellung von Abituraufgaben bilden.

Die im Folgenden beschriebenen Anforderungsbereiche stellen zwar auch eine Abstufung nach der Schwierigkeit der Aufgabe dar, sie charakterisieren aber vor allem den Grad an Selbstständigkeit bei der geistigen Arbeit.

Der Anforderungsbereich I umfasst

- Wiedergabe von Sachverhalten (z. B. Daten, Fakten, Regeln, Formeln, Aussagen) aus einem begrenzten Gebiet und in einem gelernten Zusammenhang;
- die Beschreibung und Verwendung gelernter und geübter Arbeitstechniken und Verfahrensweisen in einem abgegrenzten Gebiet und in einem wiederholenden Zusammenhang.

Dazu können beispielsweise gehören:

- Wiedergeben einer im Unterricht behandelten Definition;
- Darstellen der aus dem Unterricht bekannten Bausteine der Zelle;
- Beschreiben eines Graphen.

Der Anforderungsbereich II umfasst

- selbstständiges Auswählen, Anordnen, Verarbeiten und Darstellen bekannter Sachverhalte unter vorgegebenen Gesichtspunkten in einem durch Übung bekannten Zusammenhang;
- selbstständiges Übertragen des Gelernten auf vergleichbare neue Situationen, wobei es entweder um veränderte Fragestellungen oder um veränderte Sachzusammenhänge oder um abgewandelte Verfahrensweisen gehen kann.

Dazu können u. a. gehören:

- Zuordnen und Ergänzen der Aussagen eines Textes zu einem Graphen;

- Anfertigen einer Zeichnung eines experimentell behandelten Blattquerschnitts;
- Erörtern von vorher nicht bekannten Versuchsergebnissen.

Der Anforderungsbereich III umfasst
- planmäßiges Verarbeiten komplexer Gegebenheiten mit dem Ziel, zu selbstständigen Gestaltungen bzw. Deutungen, Folgerungen, Begründungen, Wertungen zu gelangen. Dabei werden aus den gelernten Denkmethoden bzw. Lösungsverfahren die zur Bewältigung der Aufgaben geeigneten selbstständig ausgewählt und einer neuen Problemstellung angepasst.

Dazu können u.a. gehören:
- selbstständiges Entwickeln von Arbeitshypothesen aus Ergebnissen mehrerer Experimente;
- Entwickeln einer Arbeitshypothese aufgrund eines Gedankenexperiments mit neuer Problemstellung;
- planmäßiges Auswählen und Entwickeln einer geeigneten Untersuchungsmethode;
- methodenkritisches Erörtern von verwendeten Arbeitsverfahren.

Eine Prüfungsaufgabe für die schriftliche Abiturprüfung soll sich auf alle drei beschriebenen Anforderungsbereiche erstrecken. Die Prüfungsaufgabe erreicht dann ein angemessenes Niveau, wenn das Schwergewicht der zu erbringenden Prüfungsleistungen im Anforderungsbereich II liegt und daneben die Anforderungsbereiche I und III berücksichtigt werden, und zwar Anforderungsbereich I in deutlich höherem Maße als Anforderungsbereich III.

8.1.2 Arten und Aufbau von Abiturprüfungsaufgaben im Fach Biologie

Eine Prüfungsaufgabe kann entweder aus einer einzigen Aufgabe (gegliedert in Teilaufgaben) bestehen oder sie ist aus mehreren voneinander unabhängigen Aufgaben zusammengesetzt (siehe Seite 101 bzw. Seite 103).

Besteht die Prüfungsaufgabe aus mehreren thematisch verschiedenen Aufgaben, so soll die Anzahl dieser vom Prüfling zu bearbeitenden Aufgaben so begrenzt werden, dass mit jeder Aufgabe eine selbstständige, anspruchsvolle Prüfungsleistung möglich ist.

8.1.3 Formale Gesichtspunkte bei der schriftlichen Ausarbeitung der Abiturfragen

Bei der schriftlichen Bearbeitung der Abituraufgaben sollten Sie unbedingt auf das Erreichen einer **übersichtlichen Gesamtanlage** achten.

Zu einer solchen Übersichtlichkeit gehört zunächst ein gut leserliches und insgesamt deutliches **Schriftbild** und – soweit nötig – klare und übersichtlich strukturierte **Zeichnungen**. Auf diese Weise lassen sich beim Korrigierenden mit einfachsten Mitteln Missverständnisse vermeiden, die sich bei der Beurteilung nur nachteilig auswirken können.

Das Einhalten eines **Randes** und die **Gliederung des Textes** in Sinnabschnitte trägt nicht nur zu einer größeren Übersichtlichkeit bei, sondern auch – im Zusammenhang mit den oben erwähnten Gesichtspunkten – zu einem positiven optischen Gesamteindruck. Der Korrigierende wird sich von vornherein gern und interessiert mit dem Geschriebenen auseinander setzen.

Bei mehrseitigen Ausführungen, wie sie im schriftlichen Abitur wohl anzunehmen sind, sind **nummerierte Seiten** sowie Hinweise auf Fortsetzung des Textes auf anderen Seiten unerlässlich. Ergänzende Abschnitte können so nicht übersehen werden.

Beachten Sie unbedingt die Regeln für **Rechtschreibung, Zeichensetzung** und **Grammatik;** sie sind notwendig für die Klarheit dessen, was Sie mitteilen wollen. Unter Umständen könnten positive Gedankenansätze bei der Beurteilung nicht berücksichtigt werden, weil sie durch fehlerhafte Anwendung der Regeln im Schriftbereich nicht klar genug zum Ausdruck kommen.

Noch einmal: Achten Sie bei der schriftlichen Ausfertigung auf eine möglichst große Klarheit in der Darstellung; sie erleichtert die eigene gedankliche Durchdringung des Problems, sie lässt beim Korrigierenden keine Missverständnisse aufkommen und versetzt ihn in eine positive Grundstimmung - schon vor der Auseinandersetzung mit dem Text.

Diese psychologische Wirkung sollten Sie nicht gering einschätzen!

8.1.4 Sachliche Gesichtspunkte bei der schriftlichen Ausarbeitung von Abituraufgaben

Achten Sie sehr darauf, dass die Beantwortung der Aufgabenstellungen nicht nur **richtig**, sondern auch **vollständig** geschieht! Dies setzt natürlich voraus, dass der Aufgabentext vorher gründlich durchgelesen wird. Unterzieht man sich dieser Mühe, dann lässt sich leicht ein anderer, aber häufiger Fehler vermeiden: **Aufgabenstellung und Antwort passen nicht zueinander** bzw. die Antwort geht an der Aufgabe vorbei und muss als falsch gewertet werden. Um eine möglichst große **Klarheit** in Ihren Aussagen zu erreichen, sollten Sie auch um eine **gedanklich logische Verknüpfung** der Einzelsätze bemüht sein. Eine Satzreihung, bei der einzelne Sätze ohne inneren Bezug hintereinander stehen, kann zur Verwirrung des Lesers beitragen oder erschwert zumindest das Verständnis. Haben Sie Schwierigkeiten beim schriftlichen Niederlegen Ihrer Gedanken, empfiehlt sich eine zumindest abschnittsweise Vorformulierung des Textes und eine anschließende Übertragung in die Reinschrift.

Abschließend sei noch bemerkt, dass die Qualität einer Darstellung sehr stark vom treffsicheren Gebrauch von Ausdrücken abhängt. Der Mehraufwand für das Suchen **qualifizierter Fachausdrücke** lohnt sich bestimmt. In diesem Zusammenhang sei auch auf den notwendigen und richtigen Gebrauch der **Fachsprache** hingewiesen!

8.2 Die Vorbereitung auf die Abiturprüfung

Die Stofffülle, die Sie in einem Fach für die Abiturprüfung zu beherrschen haben, ist beträchtlich. Allein unter Berücksichtigung des Zeitansatzes von fünf Wochenstunden Unterricht über einen Zeitraum von vier Halbjahren in der gymnasialen Oberstufe ergibt sich eine vorzubereitende Menge an Lernstoff, die ohne systematische Vorgehensweise nicht zu bewältigen ist. Die Aufstellung eines **Zeitplans** und der **frühzeitige Beginn der Vorbereitungsphase** (schon im Halbjahr 13/2) sind daher unbedingt notwendig.

Grundlagen Ihrer Vorbereitung sollten das im Unterricht verwendete Lehrbuch und Ihre **Mitschriften** sein. Der Stoff des vorausgegangenen Unterrichts liefert nämlich die Voraussetzung für die Abituraufgaben. Außerdem geben die im Unterricht angefertigten Notizen Auskunft über Schwerpunktsetzungen durch den Lehrer, wodurch natürlich die Vorbereitung wesentlich erleichtert wird. Mitschriften stellen jedoch nur dann echte Hilfen dar, wenn der Unterricht der letzten Schuljahre regelmäßig und unter stetiger, intensiver Mitarbeit besucht wurde!

Es empfiehlt sich, entsprechend Ihrem Zeitplan, den vorzubereitenden Stoff in **Stoffabschnitte** einzuteilen. Beim vorliegenden Thema „Zellbiologie" könnten das z. B. die Teilthemen sein, wie sie in den Überschriften der Kapitel 2–7 zum Ausdruck kommen. Sie können natürlich Ihre Einteilung auch nach dem Konzept Ihres vorangegangenen Unterrichts vornehmen, wobei sich dann andere Einheiten oder andere Reihenfolgen ergeben. Wichtig ist, dass die Stoffabschnitte nicht zu umfassend gewählt werden, sondern einen relativ eng begrenzten Zusammenhang beinhalten, damit sie überschaubar bleiben. Durch diese Strukturierung lässt sich der gesamte Stoff leichter merken und gegebenenfalls kurz wiederholen.

Sie sollten sich prüfen, ob Sie das auf Seite 12 ff angesprochene allgemeine Grundlagenwissen als eigenen Stoffabschnitt ansehen wollen oder nicht. Wenn Sie sich über die Gliederung der Abschnitte klar geworden sind, beginnen Sie mit der Durcharbeitung des Lernstoffes. Gehen Sie dabei so vor, dass Sie vor dem eigentlichen Lernen und Einprägen **zunächst alle Verständnisschwierigkeiten ausräumen!**

Zur Überprüfung, ob Sie das Wesentliche an einem Problem erfasst haben, können Sie sich folgende Hilfen geben:

- Stellen Sie sich die Fragen: Was ist eigentlich gemeint? Was soll ausgedrückt werden?
- Geben Sie sich die Antworten in eigenen Sätzen, ohne die Arbeitsvorlagen zu Hilfe zu nehmen!
- Stellen Sie Vergleiche mit anderen, aber ähnlichen Phänomenen an; klären Sie dabei Ähnlichkeiten und Unterschiede!
- Überlegen Sie sich selbst Anwendungsbeispiele!
- Besorgen Sie sich u.U. weiterführende Literatur, eventuell solche mit Aufgabenstellungen!

Nachdem Sie alle fachlichen Probleme beseitigt haben, können Sie dazu übergehen, sich den Stoff einzuprägen. Achten Sie aber dabei darauf, dass Sie **nicht alle Inhalte einfach auswendig lernen!** Dies würde bei der Stofffülle und den vielen Details ohnehin nur sehr bedingt zu schaffen sein. Stellen Sie vielmehr die im Text angesprochenen Probleme in den Vordergrund und richten Sie darauf Ihr Augenmerk! Formulieren Sie zunächst die wesentlichen Gedanken zum jeweiligen Problem (eventuell schriftlich)! Beispiele und zugehörige Details haben nun einen „Aufhänger" und können sich leichter einprägen.

Im Gegensatz dazu sollten Sie sich allerdings **wichtige Definitionen und Gesetze** sowie die Bedeutungen von **Fachausdrücken** dem **Wortlaut** nach einprägen.
Gehen Sie auf diese Art und Weise alle Abschnitte des gesamten Themas nach und nach entsprechend Ihrem Zeitplan durch. Als sehr vorteilhaft hat sich herausgestellt, wenn dabei der Stoff in wesentlichen Punkten (siehe oben!) mitnotiert wird. Sie erhalten damit zum Schluss ein handliches „Konzentrat" des gesamten Gebietes, mit dem sich gut bei der sich jetzt anschließenden **Wiederholungsphase** arbeiten lässt.

Ihren Zeitplan sollten Sie so einrichten, dass einige Tage vor dem Prüfungstermin zumindest keine neuen Stoffgebiete mehr vorzubereiten sind. Die verbleibende Zeit ist einfach zu kurz, als dass neuer Stoff noch fester Bestandteil Ihres Wissens werden könnte. Außerdem ist die Gefahr sehr groß, dass bereits vorhandenes Wissen „zugeschüttet" oder mit dem neuen durcheinander gebracht wird.

8.3 Hinweise zum Vorgehen bei der Bearbeitung von Aufgaben in der schriftlichen Abiturprüfung

Stellen Sie sich zu Beginn der Prüfung einen **Zeitplan** auf! Kalkulieren Sie dabei auch **Arbeitspausen** ein und genügend Zeit, das Geschriebene noch einmal durchzusehen!

Lesen Sie alle Aufgaben, die zu einem Themengebiet gehören, in **Ruhe** im Zusammenhang durch! Geraten Sie beim Auftreten von Unklarheiten oder Verständnisschwierigkeiten nicht gleich in Panik! Probleme lassen sich nur durch Nachdenken und in Ruhe lösen. Bedenken Sie auch, dass sich vieles zunächst „schlimmer" anhört, als es sich nach einiger Zeit der Auseinandersetzung darstellt!

Bearbeiten Sie die Aufgaben in der **vorgegebenen Reihenfolge!** Die einzelnen Aufgaben sind in der Regel so abgefasst, dass Sie vom einfacheren zum komplizierteren Sachverhalt fortschreiten. Damit liefern die vorherigen Aufgaben bzw. deren Lösungen die gedanklichen Voraussetzungen für die darauf folgenden Probleme. Beginnen Sie also nicht mit Teilaufgaben, die Ihnen zunächst leichter erscheinen; diese Vorgehensweise wäre unökonomisch.

Wenn Sie allerdings merken, dass Sie bei einer Aufgabe tatsächlich nicht mehr weiterkommen, dann sollten Sie sich nicht festbeißen, sondern zügig zur nächsten Aufgabe übergehen. Nach längerer Auseinandersetzung mit dem gesamten Problemkreis wird Ihnen manches mit der Zeit klar. Lassen Sie daher in Ihrem Skript genügend Platz, um eventuell später das Fehlende nachzutragen!

Überlegen Sie bei jeder einzelnen Aufgabe genau, wo **das eigentliche Problem** liegt! Klären Sie, was noch zum weiteren Zusammenhang gehört! Grenzen Sie die Problemstellung gegenüber unwesentlichen und nicht mehr zum Thema gehörenden Aspekten ab!

Wenn Sie sich über die Problemstellung ausreichend klar geworden sind, sollten Sie sich nun überlegen, wie Sie die Problemlösung angehen. Stellen Sie sich in diesem Zusammenhang die Fragen:

- Welche **Lösungsansätze** sind in den Informationen der **Aufgabenstellung** mit den dazugehörigen Unterlagen (Text, Abbildungen) bereits enthalten?
- Welche Informationen habe ich selbst dazu in meinem **eigenen Wissensbesitz?**

Achten Sie bei Ihren schriftlichen Ausführungen auf **gedankliche Vollständigkeit!** Haben Sie, wie oben geschildert, bei der Problemsichtung Unwesentliches vom Wesentlichen getrennt, so sollten Sie nun alle Teilaspekte, die zum Gesamtproblem gehören, auch aufgreifen und zu Papier bringen. Machen Sie also nicht den Fehler, angesichts der Fülle der zu bewältigenden Arbeit in eine gewisse „Schreibfaulheit“ zu verfallen! Auf der anderen Seite sollten Sie bedenken, dass Ihre Darstellung durch Wiederholungen oder bloße Umformulierungen an neuen gedanklichen Ansätzen verarmt und somit in Geschwafel ausartet.

Formulieren Sie – zumindest bei schwierigen Passagen – Ihre Gedanken schriftlich **zunächst auf Konzeptpapier** vor und fertigen Sie erst anschließend die Reinschrift an! Das ist nicht nur für ein angenehmes Schriftbild förderlich, es trägt vor allem dazu bei, dass Sie und der Korrigierende einen besseren Durchblick haben. Letztlich wird Ihnen dadurch

ein treffsicherer Gebrauch der **Fachausdrücke** gelingen.
Nehmen Sie sich nach Bearbeitung aller Teilaufgaben zu einem Thema die Zeit, noch einmal alles durchzusehen! Dabei lassen sich wichtige Ergänzungen anbringen und fachliche Fehler korrigieren.

8.4 Aufgabenbeispiele für die schriftliche Abiturprüfung

Die Bearbeitungszeit für folgende Abituraufgabe soll maximal 120 Minuten betragen. Davon entfallen auf

Durchlesen der Aufgabenstellung zu Beginn	ca. 10 Minuten
Abschließendes Durchlesen	ca. 10 Minuten
Pausen	ca. 10 Minuten

Insgesamt verbleiben also rund 90 Minuten als reine Arbeitszeit. Für die Beantwortung jeder einzelnen der 5 Teilaufgaben können demnach 18 Minuten verwendet werden. Die Zeitangabe von 18 Minuten ist natürlich ein Durchschnittswert, er kann nur als Richtzeit angesehen werden: Einzelne Aufgaben werden weniger Zeit erfordern, bei den anderen Aufgaben kann dafür etwas länger verweilt werden. Berücksichtigen Sie den höheren Zeitaufwand, wenn Sie auf Konzeptpapier vorformulieren!

Die Prüfungsaufgabe besteht aus einer einzigen Aufgabe, die allerdings in Teilaufgaben unterteilt ist, denen gemeinsames Arbeitsmaterial zugrunde liegt. Der Typ dieser Prüfungsaufgabe ist also der 1. der auf Seite 94 erwähnten beiden Arten.

Die Aufgaben 1 a, 1 b und 1 c können wohl den Anforderungsbereichen I–II (Reproduktion – Transfer) zugeordnet werden, da im vorausgegangenen Unterricht zumindest ein ähnliches Aufgabenbeispiel vorgestellt worden sein dürfte. Neben Wiedergabe von gelernten und geübten Sachverhalten wird in den vorliegenden Aufgaben auch ein Übertragen auf neue Situationen gefordert.

Ist im Unterricht im Zusammenhang mit Carriertransport nicht auf „Sättigung“ und „Sättigungskurve“ eingegangen worden (sondern bei einem ganz anderen Thema und zu einem ganz anderen Zeitpunkt), so wird bei Aufgabe 1 d ein höheres Maß an Selbstständigkeit verlangt als bei den vorherigen Teilaufgaben. Diese Aufgabe geht über den Anforderungsbereich II hinaus und gehört somit in den Anforderungsbereich III.

Ist das Problem der Aufgabe 1d erst einmal erkannt worden, dann ergibt sich für die Aufgabe 1e der Anforderungsbereich II.

Aufgabe 1

a Erläutern Sie anhand der beiden Kurven die Beobachtungsergebnisse der ersten Abbildung!

b Erklären Sie die Beobachtungen der ersten Abbildung!
Beziehen Sie bei Ihren Darlegungen – soweit vom Sachzusammenhang her erforderlich – den Aufbau der Zelle mit ein!

c Welche Kurvenverläufe sind zu erwarten, wenn man anstelle einer Glycerinlösung eine Saccharoselösung gleicher Konzentration nimmt? Begründen Sie Ihre Antwort!

d Die Beobachtungen in der zweiten Abbildung widersprechen in gewissem Sinne denjenigen bei der lebenden Zelle in der ersten Abbildung.
Welches sind die Widersprüche? Erklären Sie die Gründe dafür!

e Entwickeln Sie eine Modellvorstellung zu der Art des Stofftransports in der Zelle, wie er der zweiten Abbildung zugrunde liegt!

Material:

a Bestimmte Zellen in Trieben der in Teichen und Bächen lebenden quirlförmig verzweigten Armleuchteralge Chara sind so groß, dass man sie „anzapfen“ und ihren Vakuoleninhalt analysieren kann. Legt man die Alge in 0,25 molare Glycerinlösung, so erhält man z. B. folgende Beobachtungsergebnisse:

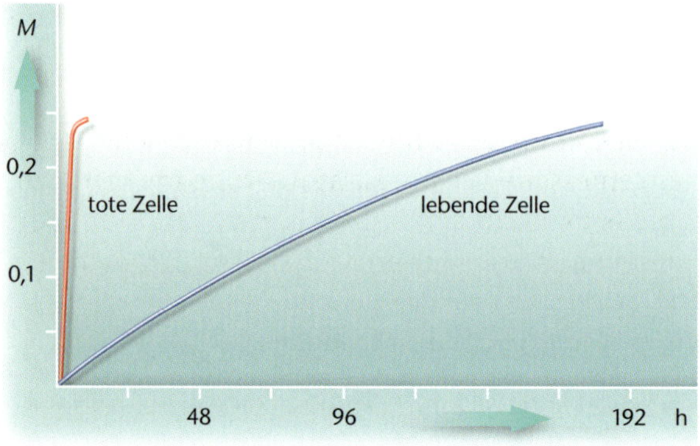

Zeitlicher Verlauf des Eindringens von Glycerin in eine Charazelle; Abszisse: Zeit; Ordinate: molare Konzentration von Glycerin im Vakuolensaft. Charazellen lassen sich durch kurzfristiges Erhitzen auf 100 °C abtöten.

b Bei der Untersuchung der Geschwindigkeit der Kaliumaufnahme bei Wurzelzellen der Gerste konnten Wissenschaftler die in der folgenden Abbildung dargestellte Beziehung finden:

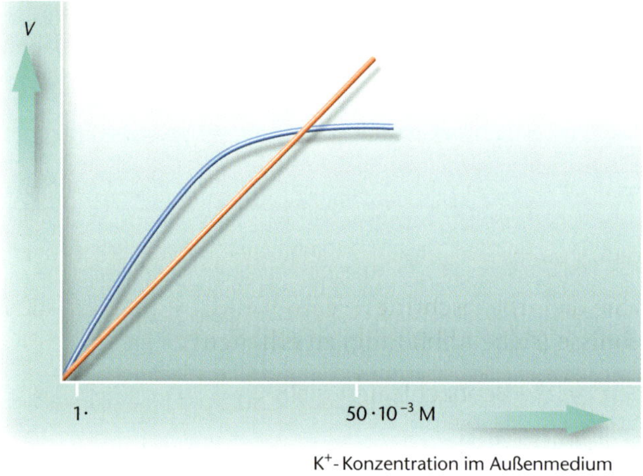

Geschwindigkeit der Kaliumaufnahme bei Gerstenwurzeln in Abhängigkeit von der Kaliumkonzentration im Außenmedium (rote Kurve: theoretisch zu erwartender Verlauf bei Annahme reiner Diffusion). (Verändert nach: Tanner, W.: Stofftransport durch Biomembranen; Biologie in unserer Zeit, Heft 5, Verlag Chemie GmbH, Weinheim 1973).

Nachfolgend wird Ihnen ein weiteres Beispiel für eine Abiturprüfungsaufgabe vorgestellt. Im Unterschied zu der vorherigen ist diese Aufgabe vom zu bewältigenden Stoffumfang her jedoch geringer anzusetzen, sodass dafür auch eine kürzere Bearbeitungszeit vorgesehen werden muss. Um aber eine angemessene Leistungsanforderung im Abitur zum Thema „Zellbiologie" bei einer Bearbeitungszeit von ca. 120 Minuten zu erreichen, müsste dann noch eine weitere Aufgabe mit ähnlichem Charakter hinzukommen.

Die gesamte Prüfungsanforderung bestünde dann also aus zwei thematisch voneinander verschiedenen Aufgaben und würde somit ein Beispiel für den 2. Typ der auf Seite 94 erwähnten Aufgaben darstellen.

Aufgabe 2

a Was versteht man allgemein unter der Methode der radioaktiven Markierung in der Biologie und Medizin?
Erläutern Sie diese Methode!

b Erläutern Sie die Arbeitsschritte, die notwendig waren, um die Beobachtungsergebnisse (siehe Abbildung) zu erhalten!

c Beschreiben Sie die Beobachtungsergebnisse!

d Erklären Sie den Verlauf der Radioaktivitätskurven im Zusammenhang mit den Transportvorgängen im Endomembransystem der Zelle!

Material

Ergebnisse einer radioaktiven Markierung von Exportproteinen im Endomembransystem von Zellen:

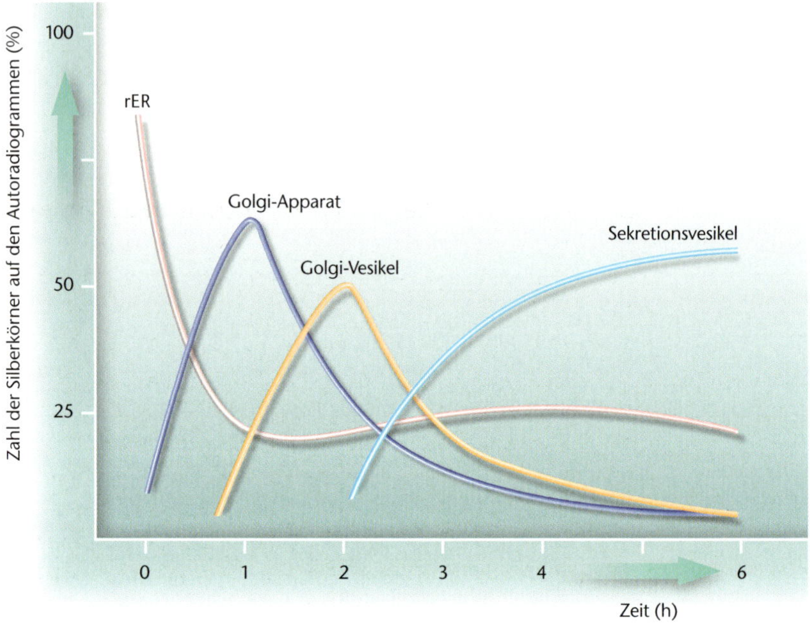

(verändert nach: Högermann, C.: Serie „Zellorganellen", Praxis der Naturwissenschaften – Biologie, 1/41; Aulis-Verlag Deubner, Köln 1992)

8. 5 Die Abiturprüfung

8. 5. 1 Der Tag der Abiturprüfung

Sie sind nun am Ende Ihrer Vorbereitungen für die Abiturprüfung angelangt. Sie können das beruhigende Gefühl besitzen, alles getan zu haben, was zum erfolgreichen Bestehen der Prüfung notwendig ist; Sie haben die beste Voraussetzung, ohne Hektik die letzte noch vor Ihnen liegende Hürde zu meistern. Das Einnehmen von Schlaf- oder Beruhigungsmitteln ist überflüssig und auch aus einem ganz anderen Grunde nicht zu empfehlen: Eine gewisse Grundnervosität vor einem derartigen Ereignis ist natürlich und sogar notwendig; der Körper mobilisiert dadurch seine geistigen Kräfte und ist somit für die zu bewältigenden Aufgaben besser gerüstet.

Achten Sie darauf, dass Sie am Morgen des Prüfungstages (und auch an den Tagen davor) gut ausgeschlafen sind! Vermeiden Sie Hektik, indem Sie sicherheitshalber früher als notwendig aufstehen und sich auf den

Schulweg begeben! Auf diese Weise lassen sich zeitraubende Zwischenfälle (z. B. Busverspätung) auffangen. Wenn Sie dennoch nicht pünktlich zur Prüfung erscheinen können, sollten Sie umgehend die Schule benachrichtigen.

8.5.2 Die mündliche Abiturprüfung

In der mündlichen Prüfung sind die Aufgabenarten grundsätzlich die gleichen wie bei der schriftlichen Prüfung. Als Ausgangspunkt dient eine begrenzte, gegliederte Aufgabe. Sie wird Ihnen zu Beginn der Vorbereitungszeit schriftlich vorgelegt.

Andererseits stellt das mündliche Abitur eine andere Form der Prüfung dar, womit auch andere Anforderungen verbunden sind: Neben Sachwissen sind Fähigkeiten gefordert, wie z. B. sich sprachlich verständlich und in logischem Zusammenhang auszudrücken, sachgerecht zu argumentieren, auf Fragen und Einwände einzugehen und gegebene Hilfen aufzugreifen. Dazu gehört als einfachste Voraussetzung, dass Sie laut, deutlich und nicht überhastet sprechen. Mit diesem Verhalten zeigen Sie auch, dass Sie sich sicher und den Anforderungen gewachsen fühlen.

Ergreifen Sie die Initiative, indem Sie bei der Beantwortung der Aufgabenstellung von sich aus auf möglichst viele Aspekte eingehen und damit Ihre Kompetenz zeigen! Dadurch werden viele Zwischenfragen des Prüfers überflüssig und Sie werden nicht von vornherein unnötigerweise in die Defensive gedrängt. Allerdings sollten Sie auch nicht versuchen, das Gespräch unter allen Umständen an sich zu reißen.

Und zum Schluss: Sie haben die „Abiturhilfen“ durchgearbeitet und verstanden; Sie waren sich selbst gegenüber ehrlich und haben die Hinweise zum Ausgleich möglicher fachlicher Defizite ernst genommen. Sie können also getrost davon ausgehen, dass Sie die besten Voraussetzungen für einen guten Prüfungsverlauf haben. Eigentlich kann nichts mehr schief gehen! Außer, Sie vergessen einen der wichtigsten Grundsätze in allen Prüfungen: die Nerven nicht verlieren!

Lassen Sie sich nicht gleich durch Aufgaben aus der Ruhe bringen, für die Sie die Lösungen nicht sofort parat haben! Bleiben Sie gelassen und vor allem: Besinnen Sie sich auf Ihr Können! Dies wird Ihnen die nötige Zuversicht und das Selbstvertrauen geben, um mit klarem Kopf an die Lösung der Aufgaben heranzugehen und sie zu einem erfolgreichen Abschluss zu bringen.

8.6 Lösungsvorschläge

Aufgabe 1

a

Die beiden Kurven der ersten Abbildung zeigen, wie schnell Glycerin bei einer gegebenen Außenkonzentration von 0,25 Mol/Liter in Charazellen eindringt und ein Konzentrationsausgleich erfolgt.
Bei der lebenden Zelle vergingen etwa 192 Stunden, bis die Innenkonzentration an Glycerin diejenige des Außenmediums erreichte.
Bei der abgetöteten Zelle trat der Konzentrationsausgleich bereits nach wenigen Stunden (ca. 5 Stunden) ein. Die Wanderung von Glycerin von außen nach innen erfolgt bei der lebenden Zelle also 30-mal langsamer als bei der toten Zelle.

b

Beim Abtöten der Charazellen durch kurzfristiges Erhitzen auf 100 °C werden u. a. die Cytoplasmamembranen geschädigt: Sowohl das Plasmalemma als auch der Tonoplast können nun nicht mehr als Barriere für Glycerin wirken. Dies kann nun fast ungehindert in die Zelle diffundieren, sodass nach relativ kurzer Zeit ein Konzentrationsausgleich an Glycerin zwischen Außen- und Innenmedium erreicht wird.
Demgegenüber zeigt sich bei der lebenden Zelle, dass die äußere und die innere Cytoplasmamembran als Diffusionsbarriere für Glycerin auftreten und somit einen Transportwiderstand darstellen.
Verantwortlich für diese Eigenschaft der Zellmembranen sind die in Biomembranen auftretenden Lipidanteile: Das Glycerinmolekül ist wegen seiner 3 alkoholischen OH-Gruppen polar gebaut und daher nur schlecht in der Lage, die im Wesentlichen hydrophobe Doppellipidschicht der Membran zu permeieren.
Auch die polaren Membrananteile der Porenproteine stellen für die Glycerinmoleküle keine gute Möglichkeit dar zu passieren, da deren Durchmesser relativ groß ist, was durch die Hydrathülle noch verstärkt wird.

c

Nimmt man anstelle einer Glycerinlösung eine Saccharoselösung, so wird die Kurve der toten Zelle etwa derjenigen für Glycerin entsprechen, da die abgetöteten Zellmembranen keinen größeren Diffusionswiderstand entgegensetzen können.
Bei der lebenden Zelle dagegen ist mit einem wesentlich flacheren Kurvenanstieg zu rechnen, was bedeutet, dass der Konzentrationsausgleich zeitlich viel später erfolgt (nach Literaturangaben permeiert Saccharose etwa 25-mal langsamer als Glycerin). Der Grund dafür liegt in dem vergleichsweise größeren Moleküldurchmesser der Saccharose. Saccharose ist ein Disaccharid und besteht aus einer α-Glucose und einer β-Fructose in 1,2-glykosidischer Bindung.

d Laut Abbildung steigt die Geschwindigkeit der Aufnahme von Kaliumionen bei Gerstenwurzeln mit steigender K^+-Ionen-Konzentration im Außenmedium an; sie liegt sogar höher als die theoretisch zu erwartende Aufnahmegeschwindigkeit. Allerdings verringert sich später die Geschwindigkeit der Kaliumaufnahme und erreicht bei einer Konzentration von etwa $40 \cdot 10^{-3}$ Mol/Liter einen Maximalwert und lässt sich auch bei höheren K^+-Ionen-Konzentrationen im Außenmedium nicht mehr vergrößern.

Diese Beobachtungen widersprechen denjenigen bei der lebenden Charazelle in der letzten Abbildung insofern, als dass bei den Zellen der Gerstenwurzeln kein Konzentrationsausgleich zwischen Außen- und Innenmedium erreicht wird: Der Transport von Kaliumionen durch die Zellmembran kommt schon vorher zum Stillstand.

Erklärung:
Würde der Kationentransport in die Zellen der Gerstenwurzeln auf Diffusion beruhen, dann sollte die Aufnahmegeschwindigkeit für K^+-Ionen direkt proportional zum Konzentrationsunterschied zwischen außen und innen sein und man sollte eine Gerade für die Abhängigkeit erwarten.

Die Beobachtung zeigt aber das typische Bild einer Sättigungskurve, was darauf hindeutet, dass der Kationentransport durch eine katalytische Reaktion zustande kommt. Da nur eine bestimmte Menge des entsprechenden Katalysators in der Membran zur Verfügung steht, kann die Transportgeschwindigkeit nicht beliebig erhöht werden: Die Menge der vorhandenen Katalysatormoleküle wird zum begrenzenden Faktor und im Sättigungsbereich sind alle Katalysatoren besetzt.

e Aus dem bisher Gesagten folgt, dass der K^+-Ionen-Transport durch die Zellmembran von außen nach innen mittels so genannter Carriers geschehen muss. Die membrangebundenen Carriermoleküle gehen an der Außenseite der Zellmembran mit dem zu transportierenden Substrat, in diesem Fall den K+-Ionen, einen Komplex ein und ändern ihre Konformation so, dass die K^+-Ionen an die Membraninnenseite zu liegen kommen. Dort wird das K^+-Ion abdissoziiert und der Carrier steht nach Rückbildung der Ausgangskonformation wieder zur Aufnahme eines weiteren Ions zur Verfügung.
Denkbar wäre auch, dass der Carriertransport mit einer Energieleistung der Zelle in Form von ATP-Verbrauch einhergeht.

Aufgabe 2

a Siehe Kapitel 2: Methoden der Zellforschung, Seite 23.

b Lebenden Zellen wurden radioaktiv markierte Aminosäuren angeboten. Um den weiteren Weg dieser Aminosäuren bzw. der aus ihnen entstandenen Verbindungen in der Zelle zu verfolgen, mussten die Zellorganellen bzw. deren Bestandteile isoliert (Dichtegradientenzentrifugation) und ihr Gehalt an Radioaktivität bestimmt werden: Dort, wo Radioaktivität auftrat, mussten sich die gesuchten Verbindungen befinden. Da der Verlauf der Radioaktivität in den Zellorganellen über einen längeren Zeitraum (6 Stunden) festgestellt werden sollte, musste eine größere Anzahl von immer wieder neuen Versuchsansätzen gemacht und jeweils nach unterschiedlich langen Zeitabschnitten die Zellinhalte aufbereitet und untersucht werden.

c Beobachtungsergebnisse:
Im Verlauf von 6 Stunden verlagert sich die Radioaktivität innerhalb der Zelle an verschiedene Orte:
Der Hauptteil der Radioaktivität wird nacheinander angetroffen in den Fraktionen des rauen endoplasmatischen Reticulums (rER), den Dictyosomen des Golgi-Apparates, der Golgi-Vesikel und der Sekretionsvesikel.

d Die Tatsache, dass die Zellorganellen zeitlich nacheinander radioaktiv markiert sind, bedeutet, dass sie auch in dieser zeitlichen Reihenfolge im Stoffwechsel der Zelle aktiv sind: Zunächst werden die aus den markierten Aminosäuren hergestellten Exportproteine vom Lumen der ER-Zisternen zum Golgi-Apparat gebracht, wo sie für den weiteren Transport eine Aufbereitung erfahren. Anschließend werden die Exportproteine von den sich von den Dictyosomenstapeln des Golgi-Apparates ablösenden Vesikel umschlossen und von ihnen zur Oberflächenmembran der Zelle transportiert, wo sie nach außen abgegeben werden.
Die Sekrete sind also während ihres gesamten Synthese- und Transportweges in das Endomembransystem der Zelle eingeschlossen.

Empfehlenswerte Literatur zur Vorbereitung:

Allgemeine Unterrichtswerke zur Vorbereitung:

- Biologie heute S II, hg. v. W. Miram u. K.-H. Scharf. Neuausg. Hannover: Schroedel-Schulbuchverl. 1997.
- Linder, H. u. a.: Biologie. Hannover: Schroedel-Schulbuchverl. [20]1998.

Spezielle Werke zum Thema Zellbiologie:

- Bauer, E. W., und Bossler, A.: Die Zelle. Neuausg. Bielefeld u. a.: Cornelsen-Velhagen & Klasing 1980.
- Ehlers, H., u. a.: Zellbiologie. Neuausg. Braunschweig: Westermann 1992.
- Jaenicke, J., u. a.: Zellen, Einzeller und andere Mikroben. Neuausg. Hannover: Schroedel 1994.
- Materialien zum Kursunterricht Biologie, hg. v. J. Jaenicke. Köln: Aulis Verlag Deubner [3]1994.
- Masuch, G.: Abiturwissen Zellbiologie. Stuttgart u. a.: Klett-Verlag für Wissen u. Bildung [5]1995.
- Scharf, H.: Bau u. Funktion der Zelle. Frankfurt am Main u. a.: Diesterweg 1985.
- Vater-Dobberstein, B. und Hilfreich, H.-G.: Versuche mit Einzellern. Stuttgart: Franckh 1982.

Außer der angeführten Literatur wurden noch die folgenden Quellen benutzt:

- Högermann, C.: Serie „Zellorganellen", Praxis der Naturwissenschaften – Biologie, 1/41; Aulis-Verlag Deubner, Köln 1992.
- Kleinig, H., und Sitte, P.: Zellbiologie. Ein Lehrbuch: Gustav Fischer, Stuttgart, New York [3]1992.
- Mohr, H., und Sitte, P.: Molekulare Grundlagen der Entwicklung, BLV Verlagsgesellschaft mbH, München 1971.
- Nultsch, W., und Grahle, A.: Mikroskopisch-botanisches Praktikum für Anfänger; Georg Thieme Verlag, Stuttgart [8]1988 ([10]1995).
- Schmeil, O.: Lehrbuch der Botanik, bearbeitet von A. Seybold, Bd. II; Quelle & Meyer, Heidelberg [56]1958.
- Sitte, P.: Vitalfärbung nach dem Ionenfallen-Prinzip. Biologie in unserer Zeit, 6/2, Verlag Chemie, Weinheim 1972.
- Lehrbuch der Botanik für Hochschulen, begr. v. E. Strasburger, bearb. v. P. Sitte u. a.; Gustav Fischer Verlag, Stuttgart [34]1998.
- Tanner, W.: Stofftransport durch Biomembranen, Biologie in unserer Zeit, 5/3, Verlag Chemie, Weinheim 1973.
- Thews, G., u. a.: Anatomie, Physiologie, Pathophysiologie des Menschen; Wissenschaftliche Verlagsgesellschaft mbH, Stuttgart [3]1989 ([4]1991).

Die Schülerduden

Das ganze Schulwissen von A bis Z

Die umfassendste Reihe von Schülerlexika und -wörterbüchern, die zu finden ist. Für alle wichtigen Fächer und Themen, orientiert an den Lehrplänen und Bedürfnissen der Schulpraxis.

Der reiche Fundus an Begriffen, Fakten und Zusammenhängen bietet das ideale Hintergrundwissen zum schnellen Nachschlagen – für Unterricht, Hausaufgaben, Referate und Klausurvorbereitung. Immer griffbereites Wissen, für Schüler verständlich und kompetent erklärt.

Wörterbuch Englisch
ISBN 3-411-71081-0

Rechtschreibung und Wortkunde
ISBN 3-411-04217-6

Bedeutungswörterbuch
ISBN 3-411-05963-X

Grammatik
ISBN 3-411-05634-7

Fremdwörterbuch
ISBN 3-411-05144-2

Lateinisch-Deutsch
ISBN 3-411-71652-5

Literatur
ISBN 3-411-05404-2

Kunst
ISBN 3-411-05942-7

Musik
ISBN 3-411-05393-3

Philosophie
ISBN 3-411-71262-7

Psychologie
ISBN 3-411-05253-8

Mathematik I
5. bis 10. Klasse
ISBN 3-411-04207-9

Mathematik II
11. bis 13. Klasse
ISBN 3-411-04275-3

Informatik
ISBN 3-411-04484-5

Physik
ISBN 3-411-05375-5

Chemie
ISBN 3-411-05385-2

Biologie
ISBN 3-411-05425-5

Sexualität
ISBN 3-411-05491-3

Erdkunde I
Ein Lexikon der Länder, Städte und Regionen
ISBN 3-411-71051-9

Erdkunde II
Ein Lexikon der allgemeinen geografischen Begriffe
ISBN 3-411-71061-6

Wirtschaft
ISBN 3-411-04894-8

Politik und Gesellschaft
ISBN 3-411-04725-9

Geschichte
ISBN 3-411-05414-X